收盤後的人生

人生

黃國華 · 著

別忘了收盤

　　2003年到2007年，我度過了專業投資與旅行的生活。坦白說，個人投資報酬率最高的兩年是2005年與2006年，我花了好多時間在基礎財務知識的耕耘，看了上萬次的財務報表，寫了一千篇文章，十二個月內出版了三本書，一年半內一共賣掉了三萬五千多本，讓超過三十萬人認識我，我的部落格也在一年半內湧進了一千六百多萬人次瀏覽。07年的我大量在媒體出現，甚至還坐上了新聞現場主播台，在主流電視台開了一個帶狀新聞，雖然只有短短兩個月，但也看到了許多著急的投資人，面對大漲五年的股市而雙手空空的焦慮；看到了一些知名的人物，在網路崛起後萌生時不我予的困境；也冷眼看到了一些即將過氣的媒體財經寵兒，氣極敗壞的大嘆股市難為，而紛紛要轉進最投機與最不透明的藝術品市場。

　　更讓我對於投資世界感到疲倦的是，十多年來我或者是旁觀、或者是在現場目擊、或者是耳聞以及冷眼觀察到太多骯髒不堪的利益糾葛，為了幾十萬、幾百萬的不法利益，將法律、道德、人情、義理拋在一邊；為了自己的私利，將金融業與媒體業眾多年輕未受污染的新兵，洗腦成維護他們利益的馬前卒與紅衛兵，知道愈多就愈想從這個市場抽離。有人問我為何都不看盤？我說這個盤有著全世界最骯髒的人事物攪和在裡面，我恨不得趕緊收盤，更不可能浪費寶貴的生命去看這個讓人氣憤又讓人賠錢的盤。懂得愈多，越冷靜從人性面去解剖股市的各層面後，就愈想遠離這個人性最醜陋的世界。

似乎07到08年，每個人都必須積極的去多擠出一些「可忙之事」，我稱這個現象為「收不了盤的人生」。空轉、瞎忙成為顯學，賣基金的書與雜誌成為出版主流，顯示出投資人不願花心思學習，但又想do something。於是乎，07年各行各業的專家輩出，基金有達人，寵物有達人，命理、旅遊、靈骨塔、美食……等，大家終於接受了「專家的時代」，只想處處仰賴專家，卻不知道專家早已貶值，記者變成藝術品達人、黨工成為基金專家、投顧老師成為電視主播、英語老師成為台股名嘴、社會記者天天在電視上講解保險，這不禁讓我回憶起1999年百貨公司內賣菜刀的搖身變成投顧老師的傳奇。

2008年，專家不缺我黃國華一個，我只想成為自己的專家。那些不思進取只想尋求安慰的散戶，也請別來找我，想獲得慰藉請去找那些起乩喃喃自語的大師們，對於一手摸乳、一手唸經的勾當，我沒有那種臉皮。

兩年來，我好像也不懂得如何收盤？何時收盤？我見證了財經界的革命，「網路」終於在財經投資界揭開革命的序幕。我沒有請記者媒體吃過飯，也沒有塞紅包禮物或檯面下跟媒體高層(當然也包括低層)利益交換，沒有一個人或組織刻意的對我示好與栽培，說白的，就是沒有媒體願意捧我，但是，我依然出現了。六百天前，自己在部落格的文章寫著：「兩年內將大崛起！」如果不用金錢利益當標準的話，沒有人可以忽略這股力量。

兩年來，我看到了中時晚報、民生報、財訊快報紛紛停刊。我沒有欣喜，那不是目的，那只是歷史演進的必然。那股力量不屬於我的，而是屬於時代的。

許多人絕對會在08年感受到「失焦」，因為他們瞎忙了好幾年，因為他們從來不懂得收掉部份人生的盤。二十四小時不斷電地開盤，已經是多數人無法停止的生活宿命，但是所忙碌的到底是紅盤或黑盤就不得而知了。寫這本書的過程中，我終於得到了一些自己的人生目標：

一、我要懂得定期對投資的人生收盤。

二、我要開啟人生另一個盤口─讀書與文學。

三、我終於找到四十到五十歲的財富目標：

我的人生財富目標是到家鄉金山，請安藤忠雄(或者找一個年輕大膽的建築師也可以)蓋一間隨他高興的圖書館，我就當這座人生圖書館的管理員，負責挑書與看書；如果十年後，當你們經過金山水尾時，看到一棟造型獨特的清水混凝土圖書館，大門關起來，門口的告示牌寫著：「管理員泡湯去，借閱書籍請稍待」，或者「館長目前正在第十四洞的果嶺，掙扎於三推桿的夢魘中。」

那‧一‧定‧就‧是‧我。

感謝：

小沈、柯季聰、剛果醫生所提供的照片，感謝蔡韻純（eva）與郭恭克的協助與鼓勵。感謝預購將近萬本的讀友們；感謝愛妻；感謝天。

目錄

參、美好的旅程

肆、短篇故事

伍、故事

壹、財源滾滾之瞬間

「等到學業完成以後，我一定要好好地放鬆自己。」

「等到生意上軌道以後，我一定要出國旅行，到處遊玩，開開眼界。」

「等到賺了錢以後，我一定要好好地孝敬父母，讓他們過好日子。」

「等到買了房子以後，我就會停下忙碌的腳步，好好享受人生。」

「等到孩子結了婚以後，我就可以安心創作，毋需再顧慮那麼多。」

等我手上的股票解套以後，我就會……

等股市回到九千點以後，我就要……

等到……

等到……

投資上會失手的原因，恐怕就是這種蹉跎的心態。

股市登山狂與
股票購物狂

股市登山狂與股票購物狂

不論是大山或郊山，大家或多或少都爬過山，而上山後一定會下山吧！只是投資股票爬上又爬下可就沒那麼有趣了吧！我爬過最傳奇的就是奇美尖山了。2003年底，從電子通路的管道得知TV面板即將漲價的消息，以每股40元買了奇美，爾後真如所獲悉的消息，TV面板的報價一路攀升，奇美的股價就如同登山的過程，雖然偶而累了會喘口氣休息一下，即使碰到總統大選爭議的利空，仍一路過關斬將、勢如破竹，一口氣攻頂達每股80元（2004年4月底）。

高山頂上總是空氣稀薄，缺氧的情況很容易讓人失去基本的判斷力，我還清楚地記得，當時前董事長許文龍宣稱：「面板是百年事業。」於是就　路抱上去；自我安慰地檢視4月、5月的盈餘，都呈現爆發成長的態勢，便一直自我欺騙：「基本面沒問題，拉回只是為了走更長的路」；或者每天都活在後悔中，跌到60元時曾發誓：「漲回到65元就賣出」；當跌到55元，就會設定更低的目標：「這次我不貪了，彈回60元就毫不戀眷」；當跌破50元，甚至會拿出一堆理論：「週KD低檔、量能萎縮、隨時會觸底、本益比跌到不到八倍」來自我催眠；最後終於以每股41元賣出，扣掉手續費、交易稅總結下來，一張賺50塊，剛好買一包香煙。

收盤後的人生

每次的旅程中，你可以在飛機上做什麼？你正在期待些什麼？

　　登山狂的症狀該如何治癒呢？一般染上這種病的朋友大多不是新手，能夠爬股票山的人，起碼還是買到股價相對低點，雖然不會受什麼大傷，卻是一直賺不到錢；人心在高山稀薄的空氣中容易迷失自己而變得貪婪。懂得賣出才是最後贏家，不要想賣最高點，即使有什麼了不起的利多，不論用什麼比例往上賣，總之謹記：漲多就是股票最大的利空，在向上漲升的過程中，強迫自己偶而去賣掉一部份吧！

　　我在上一本書《交易員的靈魂》中提到九種賣股票的時機與心態：

1. 買進的理由已經不再。
2. 預期的利多在三個月內沒有實現。
3. 買進股價三個月沒有上漲就賣出。
4. 犯錯一點都不嚴重。
5. 根據總經的方法抓出景氣擴張高點。
6. 機器式的賣出法：如每漲一百點就賣持股的十分之一。
7. 技術線型法。
8. 營收成長率已經一段期間未能創新高，此時可以考慮分批賣出。
9. 「市價淨值比」接近歷史高檔。

　　有興趣的朋友可以去找來研讀，問問自己爬了幾座股票山？

你是股市購物狂嗎？

當手上持股開始套牢之際，該檢視的不只那些滿手虧損的部位，該罵的不應只有那群報明牌的專家老師，該檢討的應是自己的態度，請誠實算出自己持股數目（包括零股與興櫃），若超過六檔，除非你的資金部位超過九位數，否則你就是位股市購物狂。

「購物狂」是一種疾病，不少人瘋狂購物的行為是一種「未歸類的衝動控制疾患」。當購物狂合併重度憂鬱症時，負面的情緒如孤獨、悲傷、煩躁等都會強化購物狂的行為。目前並不了解這種疾病的成因，但一般認為與大腦的「懲罰機制」出了問題有關。也因此，即使患者在買完東西後對自己亂買的行為懊悔不已，但下次碰到相同情形，該有的「罪惡感」卻不會出現。患者除了因此容易負債、引來法律糾紛外，也經常影響家庭關係，導致家人失和。他們購買的標的不見得昂貴，但往往購買重複的物品。這些強迫式購買慾者傾向於缺乏自信心，易沮喪、焦慮，同時又是個完美主義者，比一般人愛幻想並缺乏自制能力。患者往往欲藉著購買商品，來填補內心的空虛以及肯定自我價值。

收盤後的人生

投資人經常會在多頭市場中買進過多檔股票,甚至一些號稱贏家的老手都會買上兩、三百檔個股,有如開了家股票雜貨店;會發生這種「股票購物狂」慘狀的原因有:

↑我站在安藤忠雄設計的淡路島夢舞台,股市偶而會如這個斷垣一樣,前面沒有路可以走,只不過,股市與人生皆同,向後退幾步,不也是另外一個出口嗎?

1. 吸收過多無用或沒有消化的資訊,如同血拼狂到百貨公司一般,買了過多且不實用的商品。

2. 對自己缺乏信心,或對標的股票沒有深入了解。

3. 想買飆股的心理作祟。

若你的投資有這種「購物狂」現象,將會有一些負面的影響:

1. 無法兼顧與研究那麼多公司,犯了「多面作戰」的兵家大忌。

2. 容易「貨幣中毒」,兩、三百檔股票中,總會買到幾檔飆股,這時往往會志得意滿的大肆揮霍,其實就算其中一檔漲一倍好了,對於總部位的報酬增加還不到1% 呢!

3. 當你想買賣的時候,得先把自己的庫存列印出來,一檔一檔的掛單買賣,然後一檔一檔的查詢成交,又要一檔一檔改價再改價,你有這樣的時間嗎?

股市血拼族的治療法:

1. 如果你真的非買二、三十檔、甚至上百檔股票才安心的話,建議你去買基金吧。

2. 想想報稅時必須填寫那麼多股利收入或列印二維條碼，你可能就會打消一些衝動念頭。

3. 部位中若有重複的族群，如友達與奇美、鴻海與鴻準，或同時有台塑與台塑石化等同質性高的股票，請務必捨掉一檔，取捨標準隨便你。

4. 若你在十分鐘內想不起來持有公司的營業項目，請你割捨。

5. 經過一連串的捨去法，你還是沒有辦法將股票降到6檔以下的話，用抽籤的吧，但千萬別賣賺錢的部位，留下虧損的部位。

⬇北海道富良野的花海，你可以在每年6月11日－8月31日，搭乘每天早上9：13從札幌發車的「富良野薰衣草特急列車」，兩個小時便可以抵達富良野站。

周董、大S與大話新聞

　　周杰倫在2000年11月1日，首次推出個人專輯《周杰倫同名專輯》出道，在華語歌壇一炮而紅，引起了很大的迴響，奠定他在華語流行樂壇中的一席之地。而他在華語流行樂壇的發展也於2004年達到前所未有的頂峰，他在該年所發行的第五張個人專輯《七里香》銷售紀錄令人咋舌，僅單週便創下銷售量累計四百萬的紀錄。據悉，當時每兩個走進唱片行的人，就有一個要買周杰倫的專輯。

　　2005年11月，推出個人第6張專輯《十一月的蕭邦》全亞洲預購量即破200萬張。吳宗憲是第一位提拔周杰倫的人，當時周杰倫是簽約給吳宗憲的阿爾發唱片。可惜2006年3月因經濟問題而將公司賣掉（連同周杰倫一起賣掉），吳宗憲經營事業觸角多元，囊括了頻道、唱片、經紀、餐飲、網路等等，經濟不景氣加上事業沒賺錢，阿爾發成為當時週轉的籌碼，有點像是周董的衍生性結構商品。

　　「費玉清」三個字在華人音樂之中，是無人不知、無人不曉的。清澈細膩的嗓音，完美詮釋過無數好歌。而這樣獨特的美聲經歷過幾個流行音樂風潮的變革，依然在音樂市場中屹立不搖，也只有費玉清可以做到，套句星光大道評審的話：「小哥的聲音有絕佳的辨識度。」

　　陶莉萍是一個來自汶萊的女歌手，小小的個子，卻有著寬廣的音域。福茂唱片總監李亞明在聽過她翻唱天后席琳狄翁歌曲的試聽DEMO帶，就被她的歌唱實力所打動，而在見到她亮麗的外表後，便

毫不猶豫地簽下陶莉萍。七年前她發表了一首連我這個中年歐吉桑都會被感動的歌：〈好想再聽一遍〉，卻成了最經典的叫好不叫座歌手，六年來只要想起「一片歌手」，幾乎所有歌壇人士與歌迷都會想到陶莉萍，每每夜深人靜再度聽到〈好想再聽一遍〉時，皆令我不勝唏噓，為這麼一位歌聲媲美席琳狄翁的小女生叫屈。

文壇也是如此，大S徐熙媛從十七歲進入演藝圈到現在，除了不斷在演藝之路上發光發熱，還一直在美容的探索上孜孜不倦，所以她說：「我是名副其實的『美容大王』！」代表作《美容大王》，在台灣、大陸熱賣800,000本，是華文出版史上最具影響力的美容書。

吳淡如也是一位長銷作者，她每一本書雖然不像大S一般的狂銷熱賣，但其出版的書從小說到小品，從勵志散文到投資理財，每一本書都幾乎是暢銷書排行榜的常客。

⬇安藤忠雄的作品：「光之教堂」，搭JR京都線在茨木站下車，再轉搭計程車前往。計程車資大約1000 yen。

↑東京中城：搭地鐵到六本木站，不必出站就有Mid-Town的路標。

↑中城的安藤忠雄設計之「21-21design」。

2006年－2007年有一個財經作家叫作黃國華，出了三本書，總銷量不到大S的百分之一，不到吳淡如的十分之一，如同歌壇許多叫好不叫座的「一片歌手」般的「一書作者」。

電視圈的節目製作也是如此，雖然政論性的談話節目氾濫成災到令人搖頭的地步，但是鄭弘儀主持的「大話新聞」卻在萎縮的政論節目市場中異軍突起，除了鄭弘儀個人努力與魅力外，最根本的原因在於：「唯一的綠色言論」。電視台所有政論性節目一字排開，除了「大話新聞」外，清一色都是「藍色言論」，節目的藍綠比重竟然傾斜到十比一，與台灣政治選民結構相較，完全不成比率；也就是說，鄭弘儀成功打入「藍海競爭」中的百

分之四十的市場，而其它超過十個以上的節目則要競爭五成的市場。這個節目不成功才叫見鬼呢！

公視另外開闢了一個副品牌：原住民電視台（簡稱原視），製作許多發人深省的優秀節目，在「迎接2007——卑南年祭首開場」與「賽夏族的矮靈祭」節目中，我欣賞到毫不花俏的儀式舞步、徹夜歌舞維持的漩渦狀隊形，而這隨著祭歌曲調轉折所編排出的舞蹈，在寧靜的夜晚顯得特別震懾人心，同時也傳達出台灣的深層靈魂——我們的原住民——欲透過祭典來點悟大家對大自然應有的態度。但是，我無奈地認為，這個節目的收視率一定是慘不忍睹。

電視節目中有個長期收視穩定的族群叫做「卡通」。這些節目不用我多說，從三十年前到現在，始終保有穩定的收視率，且不論時代如

↓日本永平寺：為一極佳賞楓品櫻，且和風十足的寺廟，位於福井市近郊十公里處，可搭乘當地公車前往。前往福井的最佳自助行方式與行程是從大阪搭JR特急雷鳥號，約130分鐘可以抵達福井市，接續可搭同一JR線到加賀溫泉與金澤，回程可以在京都下車，或改搭慢車到米原市，轉車到近江八幡與琵琶湖東岸，如彥根城。

收盤後的人生

何變遷，我相信絕對是每家電視台必備的節目與不得不重視的市場。

如果你是唱片公司的老闆，該怎麼做？手上若有周董的契約，無論別人出多高的價錢，不賣就是不賣吧！而若手上沒有周杰倫的契約，則用盡各種管道、出再高的價格，都要把這棵搖錢樹簽到手中。至於像費玉清這樣的長銷歌者，有人出過高的價格要買他的合約，也有人出過低的價碼要賣費玉清的合約，不妨進場買賣一下吧！

	主流核心持股	價值投資	弱勢股
歌壇	周杰倫	費玉清	陶莉萍
出版	大S	吳淡如	黃國華
電視節目	大話新聞	卡通	賽夏族的矮靈祭
選股	成長性高的明星	每年穩定股利	小型、二線、冷門
買賣策略	開價就買、衰退就賣	重挫後買進長抱	別碰了
股市例子	聯發科、宏達電等	台塑、南亞等	大多數的股票

大S與大話新聞也一樣，出版商與電視公司的操作就如同「主流核心持股」的投資，除非周杰倫自暴自棄或一籮筐的綠色言論新聞明星誕生，手上握有這兩檔主流核心持股，沒有道理賺點小錢就想獲利脫手吧！

吳淡如與卡通節目好比選股策略的「價值投資」，他們的銷售量與收視率雖有相當的保證，但也有一定的極限，價值投資法的持股

比較容易算出未來的股利折現值，所以當市場產生不合理的貪婪與恐懼造成價格偏離合理價格過多時，就是投資人進場與出場的依據了。至於陶莉萍、黃國華、賽夏族的矮靈祭等，別傻了！你若簽到這種合約，趁早認賠了事。

註：文中提到的歌手陶莉萍在2000年發行第一張個人專輯《好想再聽一遍》後，於2006年11月又發行第二張個人專輯《異想陶花園》、2007年12月發行第三張個人專輯《愛•Do》，但由於本文寫成於2006年前，故仍將其列為「一片歌手」，請讀者見諒。

◄ 這是馬來西亞的沙巴，在我還沒到沙巴之前，絕對想像不到她還算是個先進的旅遊海邊小城，或許你我從前對沙巴的印象被沙巴的紅毛猩猩、長鼻猴給誤導，誤以為她是個原始蠻荒角落，旅遊與投資一樣，別被刻板印象給矇蔽了。

超級星光大道的投資啟示

超級星光大道
的投資啟示

　　2007年台灣歌壇最HOT的不是周杰倫、不是五月天、也不會是S.H.E，而是幾位你以往從來不認識的樸實大男生——楊宗緯、劉明峰、周定緯、林宥嘉、潘裕文與盧學叡這幾位在「超級星光大道」歌唱比賽中的佼佼者。此節目高居2007年的電視收視率冠軍，這些大男生也擄獲了好多人許久沒有因單純聽歌所流下的眼淚，當然也包括我這位對華語歌壇失望多年的中年歐吉桑。超級星光大道能夠成功的重要元素，其實與人生、甚至與投資極為相同：

1. 我要單純聽歌：

　　　　這些大男生們沒有多麼漂亮、俊俏的外表，沒有庸俗不堪的唱片宣傳包裝手法，沒有吵雜的樂器與掩人耳目的動感舞蹈，只呈現最原始、最單純的音樂語言——內心的共鳴與情感的發洩。在投資領域中，大家都忘記了單純投資的本質，當你閱讀財經媒體、收看財經節目、聆聽大師的演講時刻，所看到及所聽到的都是經過包裝的價值；房價上漲後就談營建、營建漲不動時就談已經默默上來的電子、小型電子漲了三成之後就講補漲電子，似乎有忙不完的事情、追逐不停的輪動；大家恣意地短線追逐，而忘了單純算計上市公司賺了多少錢？總體經濟的風險？星光幫大男生給我的啟示是：「別給我夢想與概念，請給我經營績效數字！」

2. 競爭才有進步：

超級星光大道從幾千名的參賽者一路淘汰到僅剩六位，過程或許有些殘酷，有些許不捨，許多被刷掉的參賽者並非表現不好，而是其他人唱得更好。這個節目成功運用競爭、淘汰、進步、不捨的心理激動抓住觀眾注視的焦點。台灣股市從六千點

↑明石大橋下的戀人，我一直在一旁偷偷等著他們進一步的親熱行為，以美化這張構圖，但就在我按下快門的瞬間，被他們發現我的企圖了。

一路漲到九千多點，其漲升的過程並非雨露均霑，而是一齣齣的淘汰賽；六千五百點時刷掉了金融，七千點又刷掉了DRAM，七千五百點以後的資產營建類股已經跟不上大盤腳步，八千多點又刷掉了小型投機股，九千點以上刷掉了IC設計與中概，在股市這種漲升與淘汰的過程中，資金高度集中化的現象就會和「超級星光大道」的最後結局一樣：只剩下少數參賽者能獲得獎金與聚集鎂光燈。漲了兩千點的行情之後，您手中的持股如果還沒有輪動過，請您無情的割捨，別忘了投資的本質就是殘酷的競爭。

3. 龍頭只有一個：

　　星光大道的比賽已經到了「星光二班」，或許這本書出版後已經比到了「星光三班」、「星光四班」，不過很現實的，歌迷永遠最容易記得第一屆的星光歌手，尤其是一班中的一哥「楊宗緯」；股票市場的道理也一樣，再璀璨的成長產業，資金追逐的對象還是那些龍頭與一哥，如塑化業中的台塑、南亞，他們的股價與塑膠業中的台達、台苯、台聚、亞聚等二線公司的股價相較，價差逐年增加，不就是相同的道理嗎？

↑溫泉的道別

神啊！我是股神，我有概念股

神啊！我是股神，我有概念股

　　台股攻上了九千點，量能也飆出了破表的三千億大量，攤開媒體後可以看到各式各樣的「概念股」，以往所謂的概念股還會用總經來包裝（如中國收成概念股）、用財務數字來包裝（如高股息概念股），或用產業鍊消長來包裝（如博奕概念股、4I概念股）、用投資哲學來包裝（如我寫的阿添伯高價股），雖然有些簡化，但至少蘊含一些投資原理與邏輯；但是最近的概念股直接灌上某某大師、某某分析師，如「某某某十二檔概念股」等，從這個現象提醒了我們幾個思考層面：

1. 九千點以後進場的散戶恐怕是屬於「給我明牌、其餘免談」的那群人。
2. 股市造神風又起。從過往的經驗，只要股市開始瀰漫著一些股神時，就是過熱的徵兆之一。
3. 明牌很準。現階段連路邊檳榔西施報的明牌都會漲兩根漲停呢，所以明牌製造業十分蓬勃。為了散戶閱讀明牌的需求，媒體—明牌—大師股神，這個鐵三角組合愈來愈興旺。當明牌愈來愈準、大師愈來愈多、不想花腦筋的投資人陸續進場時，正是我想要減碼的時刻。

收盤後的人生

讓我將2007年6月到8月那段萬點作夢時期，我在報章雜誌所看到的各式各樣概念股做一個回顧式的整理：

1. 「洗車老闆概念股」：

  我碰到了我的洗車場老闆，對！就是那位兩年前在全懋七十元時，告訴我覆晶基板產業興衰的那位朋友。這次他又主動告訴我壽險業的利率敏感度分析，還提到海外投資上限放寬後的資產組合以及壽險的利率資本資產定價模型……。姑且稱這些股票為「洗車老闆概念股」。

➡日本溫泉旅館的貼心，門口的牌子寫著今晚入宿的貴客，「HUANG 樣」就是我，2007年夏天我所投宿的秘境溫泉：西山溫泉慶雲館。一個周遭沒有風景景點的風呂，我只是單純的泡湯、享用懷石料理、舒服睡覺。

2. 「派大星概念股」：

  派大星是海綿寶寶的好朋友，住在圓圓的房子裡，也有其它習性，有時懶惰、頑皮、愛睡覺；屬於海星的一種，有五隻腳。海星有敏銳的觸覺，稱得上是海中生物的通訊天王，從派大星的

爆紅可以啟動台股聖戰，一些相關類股如新天地海鮮餐廳（海中生物就是海鮮囉）、航運股、星通（有「星」字）。

3. 「村上春樹概念股」：

　　天上會掉下的東西：1.雨、雪、冰雹。2.禮物（鄭余鎮語）。3.鳥屎。4.飛機、隕石、太空垃圾。

　　村上春樹提出了一個開創性的說法，在《海邊的卡夫卡》一書中，天空掉下了沙丁魚。這頗令人震撼，天空是很難掉下沙丁魚，只有股市中才會掉下沙丁魚；我發現村上春樹不為人知的一面，他以隱喻式的文風不小心透露出他的投資專業。從村上春樹的沙丁魚從天而降的隱喻啟示，揭櫫了十年後由台日雙股市所啟動的東亞股市聖戰。

4. 「G奶妹概念股」：

　　從暢銷理論「From A to G」揭櫫如「畢卡索」的《亞威農的姑娘》的藝術熱潮，在這個只有大師才能懂的抽象面貌裡，抽絲剝繭地閱讀出許多台灣基座的生命力，認為文明的網路科技與舊世界的原物料內容之間的衝擊對話，引爆出這一次新舊板塊產業移動與解構，交織形成百年來未曾見過的資金挪移。台灣，這是個破繭而出的關鍵時刻，某大師以「台灣基座活力之破繭」系列文章，完整解讀台灣這座奮進與迷人之聖戰島嶼，並引領沙丁魚集體進入萬點墳場。

　　不懂？你們凡夫俗子當然不會懂，不然就是大師了！一切只需跟著大師田野調查就對了，不管高負債，不怕低現金，不必理會EPS的衰退，好公司不必成長、不看財報，買賣不必研究總經，只需要「如抽象畫上看到許多無法連結的特徵」。

↑普吉島Banyantree球場

5. 「廖記魚丸概念股」、「木瓜霞概念股」、「十八王公概念股」、「慶祝八卦寮里長就職概念股」、「畢卡索概念股」、「名模露底褲概念股」、「我愛壹週刊概念股」。

6. 13檔「蚵仔煎概念股」名單

【宅男日報　記者　曾正宅　報導 2007/06/20】

　　國際小吃管理公司——Bonddealer Capital大中華區執行長蚵仔煎表示，全球小吃持續走多頭，台灣小吃本益比偏低，配合政策作多，暌違已久的萬點行情，可望在明年總統大選前實現。他估計，台灣小吃將突破陳水扁總統首度當選前的10,328高點；吃的好、吃的巧與399吃到飽等三大族群，將在第三季引領風騷。

　　Bonddealer Capital是國際知名的資產管理公司，旗下擁有小吃、滷味、剉冰、紅燒鰻等各種kuso商品事業體，蚵仔煎是大中華區最高的投資決策者，掌管約1.5億美元的吃到飽基金

（Eating Hedge Fund）。以下是蚵仔煎的專訪紀要：

問：台灣小吃近期屢創新高，指數已攻克8,500點，你如何看待後勢？

答：9,300點也將是今年台股的高點目標區，時間點應會落在年底立委選舉前。一旦站上9,300點後，大盤可能會有較大的技術性修正，但在「先蹲後跳」的情況下，台股將於明年總統大選前，突破2000年時10,328點的萬點關卡。

「台灣小吃上萬點」是陳總統任內所說，兌現諾言應是阿扁卸任前的最大禮物。

挑戰萬點不是隨便喊喊，官方近期公布台灣小吃平均本益比約18倍，當時指數位置約在8,300多點。但以國際股市本益比及定存利率水準推算，台灣小吃的平均本益比有機會來到22至23倍，即約有兩成的上漲空間，從8,300多點再上漲兩成，不就剛好是萬點左右？這也是台灣小吃上萬點的立論點之一。

問：你看好哪些小吃、餐飲族群或個別食材？理由為何？

答：我個人現在最看好蚵架營造、養蚵場資產、蚵概等三大族群；我可以大膽預言，今年第三季，這些蚵仔股的漲幅絕對會高於電子股。因為執政當局將積極政策作多，諸如蚵仔通路、蚵卷設計、蚵仔相框等電子股的本益比，又已被炒得不像話了，部分個股的本益比高得離譜，蚵架營造、養蚵場資產、蚵概等族群則處於蓄勢待發的階段。（謎之音：我領蚵仔協會的錢，當然要說蚵概股的好？）

事實上，蚵架營造、養蚵場資產、蚵概等族群，目前大多數的籌碼可以說是非常乾淨，相對電子股來說，營收、獲利也不遜色，只是市場資金還沒有輪動到這些族群。（謎之音：十年內保證輪的到？）

問：就你看好的蚵架營造、養蚵場資產等族群，是否可舉幾檔個股說明？

答：以蚵架營造股而言，不論採蚵架完工入帳法或完工比例法，部分個股今、明兩年的獲利都相當耀眼，只是目前財報數字還看不出來；養蚵場資產股具備大量蚵仔開發的潛在利益，從吃到飽基金的角度分析，這些公司都太值得併購了！

例如蚵架營造股中的蚵仔麵線，八卦寮臻品等已售個案總額約9500億元，預估獲利7000億元，將分別依完工進度入帳；近期準備推出的個案如太麻里重疊蚵寮等，將邊建邊售或先建後售。預估蚵仔麵線今年每股稅後純益（EPS）將達600元至800元，2008年EPS更將擴增至1000元至1200元。蚵仔麵線持有的未售蚵寮潛在EPS更高達2500元以上，目前股價卻僅為30元左右。

養蚵場資產股中的舊紡在中央山脈擁有1500萬坪土地，其中1000萬坪售給海鮮中毒專科醫院，EPS貢獻即達35元左右，蚵卷高中旁還有500萬坪蚵寮土地等，總計舊紡的潛在土地開發獲利超過8000億元，潛在EPS超過500元。

7. 20檔「沙丁魚概念股」名單

【某某日報　記者　生魚片淑美　報導 2007/06/20】

窮邦莫追投顧董事長沙丁魚表示，國際魚市大漲後，魚市波動度升高，但台灣魚市後勢依然看好，主要預期下半年生魚片及電子捕魚業獲利會大幅成長，表現落後但具競爭力的大型漁船也會補漲，將支撐台灣魚市漲勢，年底至少會看到9,000點。台灣魚市15日在電子捕魚業、漁船雙主流領軍下輕鬆衝過8,500點，收8,573點，中長多格局不變，但選股難度增加。沙丁魚認為，微軟

◀加賀屋迎賓：到溫泉
旅館花錢至少可以享
受到這樣的禮節，亂
聽明牌被宰割連道謝
都省了。

Vista流刺網系統題材下半年才會慢慢發酵，個人生魚片定食與漁
網等相關電子捕魚股都會受惠。

　　沙丁魚是漁業經濟學博士，曾是知名捕魚達人、魚市名嘴，
專精全球漁獲季分析與台灣魚市操作策略。他接受本報專訪時強
調，看好台灣魚市是著眼於未來業績面表現，並非政策作多使
然。以下是沙丁魚專訪紀要：

問：全球魚市漲幅不小，台灣魚市也大漲一波，請問你認為台灣魚市
　　未來表現將如何？

答：分析台灣魚市，當然還是要看全球魚市表現。近來全球魚市頻創
　　新高，有的去年、前年都漲翻了，使未來魚市波動性愈來愈大，
　　風險也將愈來愈高。另一方面，通膨也開始出現隱憂，未來市場
　　資金可能會從新興魚市場轉往成熟魚市，因此對新興魚市場要有
　　一定的謹慎度。
　　下半年全球魚市會出現一些震盪，並有較大波動，選魚最重要。
　　儘管如此，我還是看好台灣魚市，主要是下半年包括漁船股、電
　　子捕魚業的獲利成長會很大。

問：你看好那些類魚、族群？

答：我依然看好電子捕魚業，電子捕魚業將是下半年台灣魚市上漲的領頭羊。在上游電子捕魚業中，較看好紅目鰱雙雄、魚雷設計等，其中魚雷設計股以類比魚雷，以及蘋果魚餌有關的消費性魚業為主，我認為未來蘋果魚餌的需求會愈來愈高。

中游電子捕魚業則看好漁獲包裝股，下游看好族群包括漁夫通訊、漁夫手機、個人生魚片定食等。受Vista流刺網系統效應帶動，未來生魚片業績獲利都會穩穩的上來。

問：除了電子捕魚業，是否看好金魚股，及其它如養魚場營建等類股？

答：我認為金魚股有機會上來。雖然大家認為，金魚業只能在台灣這個島上競爭，很鬱卒，但未來只要跟著台灣漁夫的腳步把市場作大，獲利還是可以維持穩定表現，金魚股現在是表現最差的時候，魚價處在相對低點，再向下風險有限，加上有孔雀魚業投資海外上限放寬等利多，將展開落後補漲。

◀坐在房間就可以看河口湖與富士山，我有股幸福感。

未來建議可以選擇具有競爭力的金魚，如以壽司起家的金魚，以及在壽司、蝦捲及水族館等平衡發展的金魚業。有些金魚業只靠其中一條小沙丁魚獲利挹注，這樣的金控獲利並不佳。

問：你預期今年台灣魚市高點會到多少？行情是否可持續到2008年總統大選以後？

答：我預期年底台灣魚市至少會看到11,000點。台灣魚市這波大漲，我認為不完全是政府作多，而是反映上市櫃公司的基本面表現，同時不管2008年誰當選總統，我都認為政策面會走更開放的態度，對台灣魚市都將是正面的。

8. 菜市仔股11強出列　芭樂嫂概念股出爐

【kuso萌教主／菜市仔報導】

「芭樂概念股」正式出爐！剛果商證券亞洲水果與菜市仔產業研究部主管芭樂嫂力推力霸、東森、嘉實化、中華銀、東雲、鼎大、中信金、順大裕、台中商銀、高企、訊碟等十一檔芭樂股，她指出，台股噴出行情的演出，反映的就是落跑老闆的落跑深度與通緝氣魄。

芭樂嫂表示，芭樂股比重偏高的台股這幾天上演噴出行情，某種程度也透露經濟通緝犯產業好轉的意涵，這跟最近從漁船、人蛇與假護照產業供應鏈所看到的蛛絲馬跡不謀而合，這些跡象包括：兩岸漁船偷渡價格止跌回穩、假護照出貨量快速成長、第三地轉機跳機需求復甦、與呆帳產能利用率的提升。

其中尤以兩岸漁船偷渡價格止跌回穩的訊息最為重要。芭樂嫂認為，這是下半年選舉需求回溫的重要訊號，而偷渡犯族群佔了整體亞太區芭樂股市值的38.38%，給予國際資金佈局通緝族

收盤後的人生

群的理由。下週將舉行芭樂論壇的烏干達證券亞洲芭樂產業研究部主管木瓜霞也指出，下半年上下游落跑老闆族群都會很好，以產品來看，今年下半年最紅火的四大題材為：芭樂、木瓜、豬頭皮、鴨舌頭煙燻應用技術。

芭樂嫂指出，台灣重量級芭樂股可說是「果籌股」，如力霸與東森，國際資金若要在亞洲芭樂股有部位，必得加碼這兩檔個股。

我開始懷念底部區了。（此篇為反諷文章，請相關人士勿對號入座，如有雷同，前就是雷同吧！）

後記： 到現在還充斥著某某某概念股的報導。

◀富士山腳的忍野八海。海其實不是海，所謂的忍野八海是八個大大小小的天然池塘，乃富士山的融雪滲透到地下形成伏流水，經過長年累月而湧出8個池子，她是忍野地區指定的國家自然風景區。

老牌的價值

老牌的價值

　　京都，一座被美國軍方刻意保護的古老城市；當二次世界大戰末期時，以美軍為首的盟軍空軍密集投彈轟炸日本本島，幾乎所有的城市均被美軍空投的炸彈炸得滿目瘡痍。然而，讓日本人感到不解的是，在美機鋪天蓋地的轟炸中，惟獨奈良、京都這兩座古城，奇蹟般地始終未遭到真正的空襲。遍佈於兩座城內的宮殿、古寺、古塔等古建築，在戰火之中毫髮未損。

　　當時中國有個建築大師梁思成，出生於日本，又在京都生活了很長一段時間，對古都京都、奈良的文物古蹟都懷有深厚的感情，他一貫主張：古建築和文物是人類共有的財富，人類有共同保護的責任。因此他多次向駐守在重慶的美軍當局提出「保護京都與奈良」的不轟炸建議，美國也基於文化保存與戰後日本人生存意志的考量，沒有空襲這兩座古城，只是後來的廣島與長崎竟成為原彈冤魂，這已是題外話。

　　真相終於在42年之後大白於天下，梁思成先生超越國界保護人類共同文化財富的功績被載入史冊。日本朝野得知京都、奈良大量國寶文物得以保護之真正原因後，感念梁思成先生為「古都的恩人」。

　　對文明與人性之尊敬，這！才是大師。

收盤後的人生

世界遺產的中國悲歌

　　中國城市的居民都清楚，一旦古建築周圍的牆上寫上一個「拆」字，便意味著這棟建築離消失爲時不遠。而在中國的古蹟或景觀中，另一個標記——「世界遺產」也越來越常見，它往往會爲所在地帶來巨大的變化。雖然有聯合國教科文組織（UNESCO）「世界遺產」的加持，可能不至於導致該景觀或建築消失或被拆毀，但也意味著這個遺產的「真跡」可能很快將由「贋品」取代。

　　山西平遙古城在1997年加入《世界遺產名錄》前是個默默無名的地方，直到1999年當地開始重建平遙縣城。由於受到雲南麗江的成功經驗啓發，平遙允許遊客在明朝建成的古城牆上騎自行車觀光。後來，竟然連汽車也可以開上去了。2004年，某段平遙古城牆曾發生坍

◀在鴨川旁的料理巷中與這位藝妓巧遇，幻想自己是社長桑或伊藤博文，「醒掌天下權，醉臥美人膝」。

↑京都御苑

塌，而據香港《英文虎報》（Hong Kong Standard）報導，當地官員一開始害怕聯合國教科文組織會取消平遙的世界遺產資格，於是將坍塌事故歸咎於城牆年久失修。但當地居民卻表示，若不是加入《世界遺產名錄》，城牆到今天可能會完好無損。

京都以渾厚史詩堆出生活的美學與質感，透過生活細節的累積，雕成高貴樸質的古典價值，京都除了保存完好的千年古蹟外，令我一而再、再而三遊歷與神遊的心動原因，更在於京都存在一股難以言喻的傳統美學。京都的美在於典雅的庶民生活，在一瓦一甕間、一草一木裡。四十歲看京都，不再是秋天楓紅之浮光掠影，也超脫了櫻花的視覺享宴，這次僅僅從平凡的菜市場、抹茶與醬菜去接近與領略京都的沉靜美感。

拋開了旅遊指南上的清水寺、金閣寺與嵐山橋等遊客如織的厚重歷史所在，轉而尋找京都生活的起點，要了解古都就要從當地人的

↑錦市場

早餐開始，這是我多年來遊歷各國的心得，要了解一個地方與國家，要從當地人的食衣住行、悲歡離合、婚喪喜慶去切入，我不願再從偉大的「軍事政治」觀點去看待一個國家與其人民，清水寺屬於日本政治，而醬菜則屬於京都人生活的一環；「錦市場」被稱為京都廚房，聚集了各種生鮮食材與傳統的京料理，有點擁擠、有點潮溼，卻讓全京都最頂級的料理亭、以及最挑剔的京都人的嘴在這幾條傳統市場得到滿足，也得到了對歷史矜持的救贖；去京都別帶那些「溜溜步」或「mook」，請帶壽岳章子寫的《千年繁華》以及其續集《喜怒京都》，我藉由壽岳章子的文字當導遊去品嚐京都傳統醬菜醃漬物，她洗練的文字搭配醬菜的口感，很奇妙，以前總覺得既鹹又澀且酸的漬物，藉著對當地生活的了解與沒有趕路的心情，變得十分入味。

　　我終於耐下心來喝了杯京都的抹茶，首先得燙一下茶杯並待滾水稍微冷卻後，平順地注入茶壺。綠茶茶葉入壺前，先用手一撮一撮慢慢捏開，整個品茶得花上三十分鐘以上，才能品出最醇美回甘的宇治茶，

唯有耐心等待才能品出好味道，這道理從小就知道，何以前幾次到京都卻耐不下心呢？是當時年輕嗎？還是遊歷的方式不對？第一次來京都是跟團，匆匆來去，把抹茶當成販賣機的解渴飲料；第二次是太貪心，想看遍所有京都神社以致於每到一處，如蜻蜓點水般，照相、買紀念品、蓋戳記封印；莫非四十歲的我已經修練出前所未有的「耐心」？最了解我的老婆冷冷的回答：「那是因為前兩次來比較熱。」

從京都與北京兩個古都來看，前者被中國人拯救，後者被中國人破壞；前者沒有中國人的利益，後者有龐大中國人的利益。這裡沒有民族大義，只有對文化的堅持與細節的保護。

從前的我評估一家公司的價值，會先從成長性、產業未來願景、執行長的衝勁等面向分析，經常也會流於K線的起伏，執著短期股票價格的帳面起落，新產業新產品與巨大興奮的成長等等，成為平時投資

市場

選股研讀的最重要指導原則。

　　然而，2007年第三季的投資中，讓自己賺得又多又安心又舒服的竟然是台塑，台塑像極了一座生氣勃勃的古都，從1999年以來就沒有向股東要錢，帳面上現金流量充沛，表示它所賺的每一塊錢，不論是本業還是轉投資，都有紮實的放進口袋。

　　節錄一段父子對談：

　　「為什麼要來京都？」

　　「到一個國家旅行就一定要她們最古老的城市，像到中國就一定要去北京，到義大利就一定要去那不勒斯一樣。」

　　「那到台灣就一定要去台南囉！」

　　「難怪台南的小吃是全台灣最棒的！」

　　「對極了！累積越久的文化，其飲食變化與食材就越豐富。」

　　「爸，你很會亂扯！」

　　「這不是亂扯，因為歷史包含多風貌元素，然而課本上面僅側重於政治與軍事。」

　　「京都的遊客好多呢！」

　　「這表示內行的遊客相當多，古都的遊歷讓我們有什麼啟發？」

　　「東西好吃！」

　　「對！還可以讓我們心懷念舊。」

　　「像我在學校買泡麵或是買科學麵一樣。」

　　「是唄！科學麵是老牌子也是第一品牌，像爸爸在投資上，雖然做不成第一名的投資人，但是我懂得投資第一名的品牌。」

　　「老爸，你怎麼不去開家公司當老闆呢？」

　　「你覺得老爸我與你的同學，誰當老闆比較可靠？」

➡宇治金時：秋天促使我去喝了杯京都的抹茶，首先得燙一下茶杯並待滾水稍微冷卻後平順的注入茶壺，綠茶茶葉入壺前先用手一撮一撮慢慢的捏開，整個品茶得花上三十分鐘以上，這樣才會品出最醇美回甘的宇治茶，唯有耐心等待才能品出好味道；而投資選股也像極了茶道，一點都急不得；在原物料飆漲的同時，有些公司的毛利會被高漲的成本所侵蝕，而一些被媒體包裝吹捧的概念型個股，更是經不起數字的考驗。不過，當然有更多的公司被恐懼的氣氛掩蓋住合理的價值；許多專家在混沌之際亂了分寸，不是用批評時政來掩飾失序的視野，就是端出毫不相關的數字來敷衍；此刻沏上淡淡的抹茶讓我學會，耐心等待自己的投資佈局，等待上市櫃公司公佈財務報表，唯有

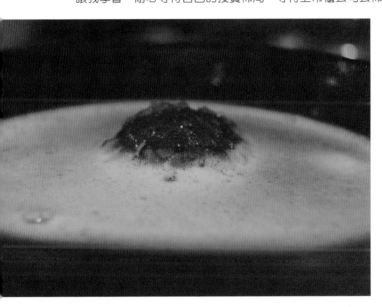

數字方可揭露有關通膨的三兩事。失控的油價是一刀兩刃，不必太武斷地解讀成失控的利空，來場小股災對那些萬點高論略為降溫，也挺好的；火熱的汽油與冷靜的抹茶，不同的兩種面向卻都有相同的投資高度。

平等院

平等院

「現在是你，但以後不一定唷，我的一些同學整個腦筋充滿了一堆鬼點子。」

「記得他們長大後介紹給我認識；還有，老爸與王永慶相比，誰比較會賺錢？」

「看起來一定是王永慶啦！」

「連你都知道的道理，我怎麼會不知道，王永慶、郭台銘、蔡明介……等，經營企業的能力比我強上千萬倍呢！」

「而且這些人經營企業的時間都已經超過二十年，還有六十年的王永慶呢！」

「我懂！投資這些老牌的經營者與公司，比自己胡亂創業更有賺頭。那和京都、北京有什麼關係？」

「京都只有一個，基隆沒落、高雄崛起，神戶漸被橫濱取代，上海光環早就高過廣東，底特律蕭條、西雅圖興盛……但文化古都就只有一個，一個文明就只有一座文明古城。」

「那與台塑王永慶有什麼關係？」

「台塑是台灣最大石化公司，甚至是華人世界中具有最完整的石化產業上中下游供應鏈的公司，過去有許多公司要挑戰它，除了自不量力，甚至還有失敗跑路的。」

「我漸漸懂了！老牌！第一大！就是旅行與投資的硬道理。」

帶著明牌去旅行

帶著明牌去旅行

　　你們大概都去過峇里島、做過幾次奢華的SPA，當然跟團的SPA，大概就是請幾個半百的印尼歐巴桑用那種連螞蟻都捏不死的力道，將一堆好像被加持過的香料泥巴，在你身上抹啊塗啊；同行的是跟你同團的那位中年金控理專，或許還有一位在竹科上班，連吃羊肉爐都會燙傷命根子的書呆工程師；那幾個笑得呵呵作響的峇里島歐巴桑舉起那雙可以充作茶瓜布的雙掌在你背上抓著，身旁的同伴還不時告訴你最新的台股行情，那位理專用3G傳輸的PDA看盤手機，單手捲著觸控面板，嘟嚷著他的線形是如何的黃金交叉、他的部位是如何又

➡日本高山老街歷史的城市美學，就不經意的灑在高山老街的小巷弄內。旅人在乎這些建築對歷史呢喃，而別在乎投資部份的萬點大關。

如何的避險；那位呆到在出團前還以爲峇里島在法國巴黎的竹科無塵室工程師興奮地問著：「幫我看一下，我的宏達電多少錢？」

終於被不知名的外星手臂搓完背後，進入了SPA的奇幻世界，一缸如同日本露天溫泉大小的浴池，擺了一堆只有情聖才懂的鮮花花瓣，更好笑的是還有按摩浴缸，噗噗啵啵的好不熱鬧！這時跟你同團的那位癡肥理專萬一放幾個屁，恐怕也會成爲不能說的秘密。SPA池中或許你跟著PDA上傳輸的盤勢而上下起伏，醉人的SPA療程有著你計算平均買單平均賣單的驚人回憶。

當然你們一定也去過「不到長城非好漢」的北京，早就臣服於年過中年窘境的你，當然爬不上那使人抓狂的長城，心裡想國仇家恨兩岸問題與風光明媚，通通被幾台傳輸機給擺平。

「同志，你們打哪來的！」

「台北！」怕引起對岸一些人不悅，你總是說你是台北來的而不說台灣。

「就台灣嗎？」

「是啊！」

「你們台灣的傳輸機真他奶奶的比起我們內地的好。」

「你們看我這台，夏波的，60秒鐘才Update一次！」

你們露出得意的笑容，尤其同團的那位竹科手機射頻工程師：

「我們導遊這部多多達的許多零件的配電圖可都是我畫的！」

「哇！你就是那家聯哇科喔！」

連身旁的上海旅行團團員都靠了過來。

就在兩岸股民好不熱鬧地討論隔著海峽所發展出之不同的技術分析、訴說兩岸明牌總總之時，也互相驚覺，兩岸的股票大師都是一個模子打造出來：眼觀鼻、鼻觀心；言必論及天文地理、貌必神似忠良，青筋猛暴；且除了小型股以外，其餘免談……。長城多長、多高，與其所訴說的歷史與生活，一切都在兩岸同胞的共同話題——明牌、FED、通膨與K線——中給遺忘了。

「上車看線、下車查價、一進店就下單買賣」成為跟團三部曲。

東京的六本木是新式城市商圈，這裡有《大和敗金女》的矯情，有安藤忠雄的清水混凝土，有巧克力博物館的巧思，有好吃到想掉眼淚直嘆：

「天啊！這種滋味萬一以後再也吃不到怎麼辦」的豬排飯，也有媲美《食神》電影中「黯然消魂飯」的海膽蓋飯，嚐了一口你將會忘

收盤後的人生

記股票被腰斬、被大師矇騙、老公外遇、兒子吸毒、女兒過胖等等一切煩惱；其實旅遊不就是藉著生活與步調的轉換與騰空，暫時忘卻一切的美麗體驗嗎？

當然你也可以跟著奇妙旅行團（別說我亂扯，有位國師級的人物就辦過上海參訪團與杜拜考察團，一可賺團費、二可洗腦兼出貨），車上的導遊每五分鐘就要廣播台股的指數與重要股票的走勢，即便碰到假日都要上網下載最新出爐的「出貨週刊」、「寶寶週刊」、「後嘆雜誌」等最新明牌，提供旅客最新的服務，以免因出國旅遊而遺漏了任何一次聽明牌的機會。不過根據日本YOKOSO JAPAN傳出最新的出團要求服務項目，最近的台港團員紛紛要求導遊要提供某數字週刊的一位宅男所寫的〈台股教戰守則〉。

三宅一生的最新款式、安藤忠雄的建築、平成三姬的原版毛片、一蘭拉麵的豚骨拉麵，抵不過一條下殺三百點的K線，遊覽車停妥在

➡向日葵・富良野・北海道

➡六本木　Mid town

六本木後，你急切地跟著那位理專與工程師團友找到了一家頂級「網咖」，果然電氣大國日本的網咖，不論是上網速度與網路交易下單作當沖的速度，比起北京郊外與峇里島，真是好太多了，在往後的數年間，當提及六本木時，你的眼眶中會含著淚光，遙望著北方的北國，哽咽著說：

「六本木有著滿滿的當日沖銷回憶，我一小時作了六趟當沖。」

從此六本木充滿著「六」的傳奇。

兩度萬點肉搏戰

第三次世界大戰——通膨

　　美國聯邦儲備局（FED）在2007年秋天，以跌破全世界專家眼鏡的手段，一共三次調降聯邦基金利率與重貼現率，而原油漲到感恩節前的每桶99美元的咋舌新天價，朝著我在2007年春天時預估的百元油價邁進，嚴重的是漲幅從油價到貴金屬的銅、鋅、鐵、鋁、鎳漫延到波羅的海指數；惟獨美元跌到歷史新低，一歐元可以兌換1.5美元（八年前是0.78美元），連美國那位較弱小的鄰居——加拿大，幣值竟然首度升過美元，FED降息這帖猛藥正式揭櫫出：一、用通膨救美國；二、強勢美元成為歷史名詞。這道理你我皆知，FED主席伯南克當然也心知肚明，好奇的是，美國人為何要祭出這種激烈政策呢？

擠兌的世界

　　就在FED開會的前三天，英國一家專門承作房貸的北岩（Northern Rock）銀行竟然發生了擠兌風暴，這應該是我首次透過電視畫面看到了西方世界的白種人，氣極敗壞、大排長龍急著兌領他們的存款，這鏡頭肯定驚動了FED的眾多委員們。第二、就在FED降息的前二十四小時，美國的法拍屋金額與數量較去年同期成長一倍的數字被披露出來，且多數集中在所謂的中西部或南部渡假勝地，這意味著許多中低收入階層與中老年齡的美國人，其房地產已經蒙受難以抹平的重傷

害；以伯南克爲代表的世代，對於這樣劇烈的衰敗無法完全釋懷，他們（包括FED主席伯南克）這群生長在美好的50－60年代，並在90年代新經濟致富的老美，驚慌之餘也只能祭出「新通膨救舊通膨」與「由全球共同分攤惡性通膨」惡棍把戲了。

中國與美國的通膨戰役

如果美國的經濟用「硬著陸」來形容，那麼另一個與台灣息息相關的大國——中國，只能用「無法Landing的爆滿班機」來詮釋。一年來，中國以多次拉高利率、調低房貸成數與稅務上的多重宏觀調控政策，控制過熱的中國經濟，當你知道上海的吐司麵包價格超過台北，並且逼進東京的水準時，就能清楚了解，中國的問題更是在於通貨膨脹，這是十三億龐大人口的宿命；自數年前中國用人力去力拼全球經濟的那一刻起，就註定了中國用「人口」來撐起通膨式的經濟成長。

如今，美國用鈔票、中國用人口，誰勝誰負無關民族大義，也無關統獨大戲，兩個國家互相對全世界輸出他們的通膨，這才是相當嚴

Mid-town

重的問題。未來幾年將進入高度物價水準的年代，投資思維恐怕要跟著轉彎，不論哪一個產業，成本轉嫁不易的中下游、成本推升的零組件、低毛利率族群、無法出口的營建業就必須知所取捨了。

收盤後的人生

通貨膨脹之可怕不在於數字高低，而是在其速度。一旦每公升無鉛汽油漲到四十塊台幣的那一天來臨時，我開車到球場所花的油錢，恐怕會大於打一場小白球的支出；如果一公升汽油漲到新台幣五十元時，我將會降低開車出門的次數；如果漲到一公升六十元時，恐怕連旅行的次數都得減少。2007年第三季，西方國家原油庫存減少3300萬桶，相當於一天減少36萬桶，其中以歐洲原油庫存減少的情況最嚴重。此外我又看到一些油商開始積極提煉加拿大油砂（一種混在砂中的油礦，其提煉的難度與純度都相當不符開採效益）時，真相終於大白：OPEC的產油供應高峰已過，油價很難再走回空頭與低價。

而高油價長期的影響有：1. 降低非生產性的移動需求，觀光旅遊業、汽車業陷入長期衰退。2. 住宅將更集中於都市與工商聚落，郊區會因為高漲的交通成本而沒落，部份營建業與郊區土地價格將會受害。3. 在家的時間與消費都會增加，全球將會增加數億的繭居宅男宅女。4. 替代能源更蓬勃發展，如太陽能、風力發電甚至核子工業將會加速受惠。5. 低運輸成本的各類通訊，如網路，將會取代傳統店舖，商用不動產需求恐怕會衰退。

↓北海道阿寒湖畔

空頭東西軍旅行團

空頭東西軍旅行團

　　股市與人生一樣，當你感覺到躊躇不安、憂鬱難解時，適當的安排一趟旅行是有其必要的。

行程一：美國華爾街

　　包羅萬象的華爾街遊歷的景點在於CDO（註），簡單的說，就是把一堆花樣十足的借款包裹在一起，裡面除了房貸之外，還有卡債、車貸、公司債等等，2007年秋天以來，弱勢的美元加上信心脆弱的房市造成CDO的大量賣壓，使得CDO被迫提前清償，連房貸以外的市場如車市、信用卡、公司債市場都蒙受極大的恐慌性賣壓。而當初授予這些債權工具高信用的華爾街大亨呢？這些領了上億美金的金童們，竟然玩起「賺飽・搞砸・腳底抹油」的老鬧劇，美林投資銀行執行長歐尼爾與花旗董事長兼執行長查爾斯普林斯在一週內相繼去職；這場辭職百老匯的主秀不在於辭職，而是在金融業人性本惡原則之下，繼任者一定竭盡所能地爆出前任所留下的爛攤子，美林與花旗的爛帳大戲開鑼，請相信我，這只是開始。摩根士丹利、美國銀行、Wachovia（美聯銀行）、Fannie Mae、巴克萊銀行、Capital One……，場景彷彿三國演義中的火燒連環船，既慘烈又嘆為觀止。

收盤後的人生

導遊伯南克（FED主席）的話：「未來幾個月的看法並不樂觀。受到重擊的房市仍在等待落底，房貸違約以及房屋遭法拍案件可能增加，新屋建造衰退的情況將越演越烈。」

行程二：台北

已經被人遺忘在海角天涯的結構債，最近又被媒體挖了出來，連身為債券專家的我都驚訝著「事情好像還沒結束」；2004年－2005年所引發的結構債風暴，只是被人為力量配合多頭的股市給巧妙掩蓋著；另一個令人擔心的SIV（結構式投資工具），又牽動了金控上下與敏銳投資人的心；過去國內所投資的SIV，一向被認為是信用比較優良的工具，所謂信評只不過是太平盛世的產物，連幫這些SIV拍胸脯保證的華爾街大老也一一落跑，甚至關門大吉；套句廣告詞：「別相信那些沒有根據的傳聞。」

行程三：中國

中國有什麼問題？拉回台股中最大的中國收成股——聯發科，這次反常的成為空頭的領頭羊。過去幾年多頭格局當中，這類股票通

常是跌勢末端才會做恐慌補跌走勢的,而今它的表現是否意味著中國的消費市場,有著不尋常的訊息?此外,中國官方越來越猛的宏觀調控,如限制外資直接進入房地產開發、二級市場交易及房地產仲介或經紀公司;還有申請購買第二套(含)以上住房的,貸款頭期款比例不得低於40%……等等。根據中國建設銀行9月底所發佈的研究報告指出,中國個人住房不良貸款數額已呈攀升之勢。

導遊巴菲特:「2007年下半年陸續出清了所持有的港股與中股,還記得2000年網路泡沫最大之當下,出清科技股的巴菲特成為那些華爾街幫眾的奚落對象,如今景色依舊、人事全非乎!」

原兇很清楚:「過高的房價與泡沫的破滅,美國正在失速下跌中;台灣房市被選舉與兩岸兩道夢幻威而剛撐著,呈現沒人相信的「價穩量縮」格局;中國呢?或許泡沫還沒面臨立即破滅之危險,只不過走了六年的全球榮景,會不會在中國的璀璨煙火下做出不完美的Ending呢?「這,不只是股災!」

註: 擔保債權憑證(Collateralized Debt Obligation,CDO)。起源於1980年代後期,由銀行、基金公司或其它財務公司發行。CDO的資產群組以債務工具為主,包括高收益債、新興市場公司債、國家債券、銀行貸款、不動產抵押擔保債券等等。

次貸無所不在

　　有人建議該「收起悲傷、迎接陽光」，我也很想寫一些看多的文字來討好與安慰讀者，只是在專業認知與人情世故兩難中，我選擇了前者這個「烏鴉」的角色。我更想假裝沒有房貸風暴這件傷心事，趁著危機逢低吸納跌了一千七百點的台股，但是我無法忽略這個風暴的起源在美國，而且還是來自與大部份美國人生活消費息息相關的房地產。根據經濟合作發展組織（OECD）估計，美國次級房貸市場危機造成的損失總額達三千億美元，有人認為這只佔美國金融業資產不到3%，問題不至於太嚴重，但嚴不嚴重得看問題本身——次級房貸金融商品到底是何方神聖？

　　簡單說明現代金融市場錯綜複雜的商品結構與玩法吧！以泡麵為例，泡麵與現在的衍生性商品一樣，它不僅僅只有泡麵，還有料理包、調味包、蔥蒜雜穀、防腐劑、冷凍生鮮與外包裝、運送等部份與過程；現在一個結構式的基金商品所持有的各式各樣組合商品中，每個部位可能都還有A銀行某年份的信用卡證券化證券、B券商持有的一籃子公司債券基金、C公司發行之REITs；問題來了，如果美國某地區房貸金融公司發生倒閉情況，或許它發行的公司債就在B券商的公司債券基金部位中，也可能它貸放的次級房貸證券化證券有部份被交易到C公司發行之REITs中，錯綜複雜的程度需要高度專業與時間才能將這三千億的次級房貸損失抽絲剝繭；好比泡麵，如果全世界的泡麵中

有3%的調理包發生問題，那麼被毀棄的、被質疑的、被替換的將不只有這3%的問題泡麵吧！

OECD提到，2008年三月可能才是災難的頂點，估計8,900億美元的美國次級房貸將在2008年重設為更高的利率，更沉重的利息壓力將增加貸款戶的違約金額，法拍屋價格恐面臨下滑，造成以這些房貸擔保的資產價格再度崩落。這個意思是，除了3%泡麵中的調理包有問題外，另外還有一大堆的泡麵，可能會有冷凍生鮮的保鮮問題，最晚明年這些泡麵必須銷毀或重新處理，如果你是這泡麵的消費者，絕對會影響你食用與繼續購買這家泡麵的意願。3%有違約風險的次級房貸商品，已經透過歐美的投資銀行與避險基金的綿密行銷管道賣到世上每個角落，搞不好，你我透過理專買進的那些各種名堂的金融商品中，就隱藏著次級房貸呆帳也說不定。

沙巴港口

收盤後的人生

次級房貸債權已經被重重包裝於琳瑯滿目的金融組合式商品中，現在恐慌的只有金融業與內行人，過一陣子，這複雜的泡麵包裝漸漸被廣大投資人了解後，潘朵拉的盒子如何揭開？揭開後會對金融信心有何影響？我無法評估，所以，負責任的分析人員應該嚴肅地看待第一大經濟體美國的金融風暴發展，面對不懂的領域或無法估計的風險，等待才是最佳的投資政策，請讀者再度容忍我保守的想法，因為至現在為止，我無法估計美國房價崩跌與金融失序後，對美國與全球的消費縮減程度。

兼六園

向心力和離心力並存的股市

在糾結不清的種種多空線索中，很少人能抽絲剝繭，進行洗練的表述，也許是因為沒有可以透過分析而預知的經濟循環。芸芸眾分析者只是擺渡在多與空之超不平穩的結構之間，我們都希望能有一種更安定的辦法與規則，可以毫無顧慮地去認知與確信金融市場的慣性，但我尋不到，只能在面對自己的投資節奏與態度時，淡淡地對自己說，自己的心比環境更珍惜。

我們生活在一個不斷變動的時代，看起來每一個時代都不同，但是從最單純的經濟學角度來看，其實變動性與差異性並不是很大。只是，每一個時代都有一個新精神與新舊角色的替換，永遠不變的是人性本質與供需原則。一方面我們看到全球化的浪潮排山倒海而來，似乎無法抵擋，但另一方面我們也看到，這是一個解體的時代，秩序不斷崩解，產生更大的分歧與破壞。無論如何，既然不變的是人性本質與供需原則，思考上就請先從根本出發，或許簡單的抽離性思考就足以讓你萌生新視野。

過去百年來，與美國經濟採取競爭與對立一方的，如1940年以前的英國、德國，冷戰時期的蘇聯，八〇年代的日本；她們終究在即將追抵前的一刻，被美國突然甩掉，從六〇年代的嬉皮、八〇年代的雅痞、九〇年代達康的年代、到兩千年小布希蠻不講理的牛仔；嬉皮留

下個人主義、雅痞留下自由與利己精神、達康留下了創作創新、牛仔用粗暴的拳頭告訴世界:「您爸就是老大!」而太平洋另一端的中國也拉大嗓門喊著:「老大是第一但非唯一。」過往近百年,老美鏟除敵人招數中最狠的「七傷拳」,似乎在房災與通膨下祭出。

在遙遠台北書房一角的宅男——我,嗅到2007年秋瑟景氣的蕭殺氛圍,清理戰場的FED在不到一個半月內調降兩次利率,對岸的北京卻調高了各種可以調控的工具;對股價有向心力的是中國景氣、美國降息、台灣選舉與台股偏低;對股價有離心力的是中國調控、美國房災、台灣選舉……等。美國與中國在過去十年分別經歷了兩次景氣起落,這兩個牽引台灣的巨大力量,同時具有對股價與景氣向心力的時間只有1999年-2000年與2005年-2007年。思考台股的未來,只要去思索這兩具大引擎對台灣的牽引,是離心力大,還是向心力大?

全球化的進程下,對同一經濟體的向心力和分歧崩解的離心力,同時運轉將會成為常態,趨勢大師的時代早已不在,因為未來不會有一致性的趨勢,激進與保守的界線模糊,現在是必須重新摸索和創造新價值的時代;像石油高漲竟然讓恐怖份子消聲匿跡,這世界竟然會出現十多億只要金錢不要民主的中國人,以後沒有事物可以說得準。

FED二度調低利率讓我不再「心存僥倖」,第一次降息還可以期待激發出流動性的利多;但當第二次調降時,即便看不到美國經濟的橫屍遍野,也該看到FED這個收屍者的忙碌吧!收屍者與救護車不會沒事瞎忙的!99元的原油又是911事件後,另一個邊緣世界的大反撲;911奪走美國人性命,96美元的原油更帶走了工業國家的經濟主權與命脈,連最有錢的老美都承受不了之際,比我們平均所得更低的中國,

如何藉由cost-down來紓解這場循環無解的成本大戰？我很悲觀。

　　成本是一巨大熔爐，鍛燒著各經濟體所經歷的種種，以及循環往復的主題：勞工從農村抽離的亞洲宿命；困頓低賤糟糕的環境；發財得意與遺忘的健康；過往繁華的追憶。時間是另一個巨大的窯爐，鍛燒著每個人所經歷的種種，當亞洲代工與製造的宿命被廣大消費市場的中國所不認命的克服之當下，生命中難以承受的惡性通膨將由美國與其幫辦國家們OPEC）以七傷拳的方式，取回已經部份旁落給中國的世界經濟發球權。

　　既然櫻花已經凋零，能做的就只能等待來年吧！離心力與向心力總是不停拉扯著，遠方的櫻可能太遠、太遙不可及了。

万座溫泉·群馬縣

世上兩大金融笨族群

世上兩大金融笨族群

　　請大家來計算最近兩年來（2005年10月至2007年11月），新股上市後的股價表現，如果投資人用掛牌第一天的收盤價買進，然後持有十個營業日後，用第十一天的收盤價賣出；另外一種方法是持有一個月後，用一個月後的收盤價賣出，我將資金分四等份，每賣掉一檔就再買進一檔新掛牌股票，周而復始，我得到了幾個結論：

1. 短線十天的操作新股，兩年下來的投資報酬為：賠掉69.19%，差不多是三分之二；如果持有一個月後賣出，則兩年下來一共賠掉本金的62.47%。別忘了，兩年多以來，指數是從五千八百多點漲上來的。

2. 72檔新股當中，如果投資人用第一天的收盤價買進，則十天後其中的52檔會產生損失，損失比率為72.2%。

3. 上市滿一個月以上的65檔新股中，如果投資人用掛牌第一天收盤價去投資，一個月後會有43檔產生虧損，損失比率為66.1%。

4. 最可怕的數字：這兩年來所有掛牌滿三個月的53檔新股中，其中38檔發生從高檔下跌50%以上的慘劇，俗稱腰斬，也就是說，如果你聽從雜誌對新上市上櫃股的興奮活水的吹噓言語而買進，長期下來，你有71.6%的機率會發生腰斬的慘劇。

最慘的就是這檔：

2007年8月初，兩大週刊、兩大日報、三大名嘴通通合力推薦，我說過，是非之人必有是非之股，更何況是集眾家出貨神群團之大成，股價當然發生從129元跌到29元的腰斬再腰斬的美麗K線，再怎樣會用K線寫日記也寫不出這種線條。

71.6%新股就是腰斬股，就是我的結論，別再替那些新上市的大股東買單了。更有趣的是，全世界竟然還有比台灣散戶還笨的大戶呢？我先摘錄一則《蘋果日報》新聞：（2007/11/24）

「中國主權基金中國投資公司（中投）第1筆海外投資大失利，買進黑石集團（Blackstone）半年不到，帳面虧損高達65億元人民幣（280億元台幣）。中投在黑石首度公開發行（IPO）時，捧著30億美元（939億元台幣），以每股29.61美元的高價，買進1.01億股黑石股票，預期在黑石股票上市後，可以獲取穩定的投資報酬率。

　　不過，中投的美夢很快就破碎，黑石在2007年6月22日以每股31美元掛牌上市，僅當日大漲13％，之後3天內即跌破IPO價，近期更在美國與歐洲金融業者陸續發佈次貸相關損失衝擊下，股價被殺到一蹶不振，距高點已大跌45％。」

　　新股上市（IPO）本來就是最高等的金光黨騙術之一，從幾百年前的南海公司、荷蘭鬱金香到今天台灣的新股，以及史上最大的騙徒：猶太人的黑石集團和史上最大的金融待宰沙丁魚團：中國。中國官方與人民可能是幾千年來第一次賺到錢，竟然第一次就掉進黑石這種高等金融騙局，看來，未來歐美的金融殺手會繼續以壓低出貨的方式，將一堆不良資產賣給「不知金融為何物」的中國人，肯定能把過

去幾年中國從他們身上賺走的錢，連本帶利的賺回來。試想，黑石這個私募基金會吸收不到資金嗎？何以好心的將30億美金的股權賣給中國人？好賺的話，自己賺都來不及了，還會讓不相干的中國人進來分一杯羹嗎？

　　再舉幾個例子：華倫巴菲特在中國石化的股價徘徊於一、兩塊錢之低迷時刻大舉入市，直到2007年的夏天才賣給中國股民與政府，其獲利含配息將近十倍以上；另外在1997年與1999年，荷蘭飛利浦在台灣分別以每股一百五十元與一百八十元以上，賣光旗下的台積電持股，從此台積電股價再也見不到那時的高點；你還想賺IPO嗎？中外的大騙徒連中國政府都敢坑殺了，你比得上中國政府嗎？與其投資IPO，不如將那筆錢捐給慈善機構，至少可以賺到心靈的富足。

岡山後樂園

作空的第一法則：

　　短線見好就收。

作空的第二法則：

　　與報紙頭版頭條對作，特別是聳動的標題與名不見經傳的菜鳥記者。因為不敢具名的資深記者通常會叫菜鳥掛名，如此心虛當然就是不實報導。

作空的第三法則：

　　破線的那一剎那是放空的最佳點。

作空的第四法則：

　　沒有很強的反市場心理素質與很強的財務分析能力的人，千萬別去放空。

作空的第五法則：

　　「願賭服輸、快輸快贏」為八字口訣。

作空的第六法則：

　　空頭市場請忘記EPS、本益比、成長率……這些多頭的武功秘笈。

作空的第七法則：

　　作空要隨時盯盤，不論你手上有無空單，不能用多頭那種「買定、離手、長抱、遠離盤面」的作法。

作空的第八法則：

　　如果你沒有以上的技能與特質，再一次提醒你，千萬別放空，乖乖休息存定存就好了。

作空的第九法則：

　　一定要找尋「跌不停的股票」，空頭的標的不要跌停，要跌不停，且是線型長期走跌的股票。

作空的第十法則：

　　千萬別自我設限，空頭市場沒有「跌太深」的問題。

作空的第十一法則：

　　別去空那種逆勢上漲的股票。

作空的第十二法則：

　　如果你是個連多頭市場都賺不到錢的投資人，更不能想要靠放空賺錢。

作空的第十三法則：

　　越低價的股票，空起來就越安全。

作空的第十四法則：

　　作空最大的利潤在於「控到地雷」。

作空的第十五法則：

作多的原則既然是「找對的產業中最棒的龍頭」，那麼！作空的擇股當然是「最差的產業中最低價的後段班」。

不論多與空，請回到原點「投資報酬率」的世界，許多人進入投資領域一段期間後，便漸漸忘掉這個公式，我對投資報酬率的定義：

投資報酬率＝股利（或用每股稅後盈餘）／買進之股票成本

沒錯，正是本益比的倒數，單單這公式就可道出半本教科書。不過一般人對於這公式的認知，仍然停留在多頭的制式想法。這公式一共有三個變數：投資報酬率、每股稅後盈餘、買進之股票成本。唯有買進的成本是投資人可以自行決定的，而每股稅後盈餘是上市公司的經營績效，投資報酬率是市場氣氛幫你決定的，所以買進成本考驗的是投資人的心態，每股稅後盈餘的研判是考驗投資人產業與財務的分析與預測能力，投資報酬率的掌握則是依賴總體經濟各層面的縱觀。

每股稅後盈餘：這個變數更精確來說，是預期未來的每股稅後盈餘，當然要看未來一季、未來一年甚至未來三年，端視你投資的期間與預測能耐；不過，一旦空頭市場來臨，這個變數通常會逐年與逐季的遞減，與多頭市場相反，**因為所謂的空頭市場就是意味著大多數企業的盈餘會逐步衰退**，也就是EPS會越來越低，舉個例子：

力晶半導體2007年2月底的股價為21.5元，當時已經獲悉其2006年全年EPS是4.48元，若你用過去的EPS算預期投資報酬率，會得到20.8%的興奮數字，結果2007年整年度由於DRAM的供過於求，力晶2007年前三季EPS僅有0.23元，整年度恐怕將會虧損，所以其股價腰斬跌到11元可是一點都不委屈。會有如此的投資結果，在於對未來景氣的掌握度，當然多頭市場有力晶這種逆勢衰退的公司，空頭市場也

會有逆勢大幅成長的企業，但那畢竟屬於少數，所以評估一家公司是否值得投資，請先評估其未來性，但別用那種死多頭的心態去預測，畢竟空頭來臨，多數公司的EPS會衰退，這個方程式如果投資報酬率不變，分子EPS的衰退，會讓分母的買進成本也就是股價，進一步下跌；如市場要求的報酬率為5％，預期一家公司明年的EPS為1元，如果現在的股價為40元，今年的EPS為2元，即便是市場要求的投資報酬率，市場的合理股價也應該會往20元靠攏。

第二個方程式要素為買進成本，這個變數是唯一可以讓投資人自行決定的因素，沒有人逼你買1220元的宏達電，也沒人會邀你買100元的宏達電，除了少數高股息的現金殖利率股以外，這個變數是最不需要花投資人時間去鑽研的變數，因為它完全取決於分子EPS的消長，與總體環境變動下所影響的市場預期投資報酬率高低，但投資人卻往往在這上面花費最多時間與心思去鑽研。我不願鑽研的目的在於，並非所有公司的股價都能夠如願以償的跑到合理的買價，就算大多數公司股價都順著自己的評估方法呈現多空起伏，我也沒有那麼多的資金與必要，去當一個股市雜貨店店長；既然股價——買進成本這個因素可以自己決定，不妨就學習德川家康的精神——等待。

第三個方程式的重大因子是「投資報酬率」。舉個例子，中華電信每年幾乎都有4元的EPS，且沒有意外的話，這個EPS水準可以再維持兩、三年沒有問題，於是，問題來了，投資報酬率的高低決定投資人買賣的意願，而股價漲跌不正是買賣意願之強弱所決定的嗎？若你要求的投資報酬率是10％，則中華電信在4元的EPS水準之下，你會想在股價40元時買進；而我要求的投資報酬率比較低，8％就可以滿足我，則我會在股價五十元時就買進；也就是說，我的看法比你偏多，偏多的根本原因在於每個人要求的投資報酬率不同，而投資報酬率會受總體經濟變動

影響，如現在是通貨膨脹嚴重、利率走高與資金成本拉高的環境，那我要求的投資報酬率可能會從8%提高到與你一樣的10%，如果多數人看法的方向都與我一樣時，報酬率8%的五十元中華電信就可能被市場嫌棄，股價會逐步往40元的價位靠攏或等待其它的變數產生。

　　空頭市場與多頭市場所要求的投報率會不一樣，多頭市場因為企業盈餘容易成長，或者容易賺到股價的差價利潤，市場整體要求的報酬率就會偏低，若你在多頭上還要求比市場預期報酬率高許多的投資機會，那會犯上一個「不敢追價空餘恨」的多頭毛病；若你在空頭市場還維持多頭的報酬率要求，則很容易犯下「本益比這麼低，再跌也沒多少」的制式散戶死前遺言。為何空頭市場的合理投資報酬率必須拉高呢？

1. 因為空頭市場來臨後，分子的EPS變數預估，大部份投資人都會偏樂觀預期。

⬇沙巴麥哲倫渡假旅館的餐廳夜色，不管攜家帶眷、情侶或三、五好友結伴同行，都有其柔和與浪漫。

2. 空頭市場的股價跌價風險很大，所以大多數人會傾向要求高投資報酬率來cover可能的風險。

3. 空頭市場通常伴隨著資金緊縮或銀行不願意對高風險的股權投資人做過度的授信，資金成本提高之下，投資人要求的報酬率當然會跟著水漲船高。

最後，如果你經常提到或聽到「本益比這麼低，股價再跌也沒多少」，而你也時常有這種想法的話，請再好好花時間思考這個投資報酬率的公式，你的本益比是否為過去景氣最熱期間所創下的呢？股價高低與投資報酬率高低的決定根本不是你能主觀認定，相反的，如果你也經常犯了「什麼！本益比高達三十倍，股價已經漲了五成，太投機了！」也請再想想，如果EPS成長兩倍，本益比不就從三十倍降到十五倍了，而在多頭氣氛下，市場要求的投資報酬率會越來越低（也就是本益比區間會墊高），或許當二十倍的本益比來臨，這檔讓你直覺認為「太投機」的股價又上漲了三到四成了。

不論多與空，請別用股價高低來做買賣的最大甚至唯一的依據。

好書導讀——《巨波投資法》

　　我只能說這本書的書名會誤導眾多讀友，乍看之下，讀者可能會認為是技術分析方面的書籍，其實根本是完全不同的範疇。我一直不願意介紹這本書，因為一旦被許多人讀過後，就會發現原來我是師承作者Peter Navarro，他的觀點與我的竟有百分之七十的相似度，套句星光大道的行話：「辨識度不高。」

　　先談Peter Navarro的三大黃金守則：

⊙ **在上升趨勢市場買進強勢類股中的強勢股。**
⊙ **在下跌趨勢市場放空弱勢類股中的弱勢股。**
⊙ **缺乏明確趨勢時，退場觀望、緊抱現金。**

　　先別論第三守則，單單前兩條中的變數就可以演繹出幾種作法：

1. 在上升趨勢市場買進強勢類股中的強勢股、大賺。
2. 在上升趨勢市場買進強勢類股中的弱勢股、小賺但容易套牢。
3. 在上升趨勢市場買進弱勢類股中的強勢股、打平。
4. 在上升趨勢市場買進弱勢類股中的弱勢股、慘賠。
5. 在上升趨勢市場放空強勢類股中的強勢股、慘賠。
6. 在上升趨勢市場放空強勢類股中的弱勢股、小賠。
7. 在上升趨勢市場放空弱勢類股中的強勢股、慘賠。
8. 在上升趨勢市場放空弱勢類股中的弱勢股、小賺。
9. 在下跌趨勢市場放空強勢類股中的強勢股、慘賠。
10. 在下跌趨勢市場放空強勢類股中的弱勢股、小賺。

11. 在下跌趨勢市場放空弱勢類股中的強勢股、打平。
12. 在下跌趨勢市場放空弱勢類股中的弱勢股、大賺。
13. 在下跌趨勢市場買進強勢類股中的強勢股、小賺。
14. 在下跌趨勢市場買進強勢類股中的弱勢股、慘賠。
15. 在下跌趨勢市場買進弱勢類股中的強勢股、小賠。
16. 在下跌趨勢市場買進弱勢類股中的弱勢股、慘賠。

　　大賺的比率才2／16、小賺的比率3／16、賺錢的機率是5／16；小賠與打平的比率5／16、大賠的比率6／16；由此可見，投資還真不是一件容易之事。

　　把兩句話拆解成十六句話後，是否浮出了一點概念，趨勢、類股、個股與買賣，四個變數共有十六種組合，一個變數的想法對錯，都決定了投資人的投資報酬率的高低與正負號。當然還有第十七號選項：「退場觀望、緊抱現金」，這是我最常選擇的投資方式。

　　在進入Peter Navarro大師的投資殿堂與我這位投資旅行團導遊的導覽之前，請各位記著一件重要的事情：「退場觀望、緊抱現金」也是一種重要的投資方法。除非你能掌握到趨勢、類股、個股與買賣等變數，並充份了解自己進場投資後所可能遭受的一切風險，不然你只不過是在一座畫了16個格子的飛盤上面矇眼射飛鏢罷了。

　　先從「巨波」的字面談起，這本書的譯者並沒有發生錯誤，翻譯中三要素：信、雅、達皆有充份的表現，Peter Navarro這本書的原名就是Macrowave Investor，Macro本就有總體、巨大之意，如總體經濟學的總體正是Macro，如果更貼切的翻譯可以改成「總體波動投資人」，因為這正是一本運用總體經濟的一些變數配合交易技巧的鉅作。除了上述的三大黃金守則揭櫫作者的基本學養外，整本書就是圍繞在「四

個階段」，Peter Navarro以此四階段step by step，分析如何進入正確的3／16機率的獲利黃金守則。

先把重點與要點瀏覽一番：

第一階段：四種動能因素

精明的巨波投資人運用巨波邏輯，處理撼動市場的四種動態因素所帶來的資訊：

1. 來自企業盈餘的訊號。
2. 總體經濟報告發出的訊號。
3. 不要和FED與財政政策對抗。
4. 外來的震撼震驚市場。

第二階段：形塑市場趨勢和類股的三個關鍵週期

熟悉景氣週期、股市週期與利率週期，藉以研判市場的趨勢和個別類股的趨勢。

第三階段：挑選強勢類股和弱勢類股，以及強勢股和弱勢股

精明的巨波投資人可以同時使用基本面分析和技術面分析，選擇強勢類股中的強勢股買進，和弱勢類股中的弱勢股放空。

第四階段：

利用穩健的資金、風險和操作管理工具，買進、賣出及放空股票。

看了上述的四個階段，或許會浮出類似基金千篇一律的行銷廣告文案的印象，但是不同的是，進入投資市場，特別是股市以後，你多

久沒有在買與賣之前，將這些老生常談的基本功夫再複習一遍呢？肯定很少人再按部就班、不厭其煩地從第一階段一直檢視到第四階段，再想一次：趨勢、類股、個股、買賣四大變數，您想得夠透澈嗎？還是「給我明牌、其餘免談」，抑或「我買基金，交給專家就好」？但你一定沒有想到，基金經理人幫你做的只是趨勢、類股、個股、買賣四大變數中的類股與個股選擇判斷這兩個變數而已。一旦你申購基金，基金經理人便將您的資金投入作多買進的行列，即使他們對於類股與個股的精準度很高，但他們能幫你賺錢的機會僅有「在上升趨勢市場買進強勢類股中的強勢股」、「在上升趨勢市場買進強勢類股中的弱勢股」、「在下跌趨勢市場買進強勢類股中的強勢股」三種可能，機率僅3／8，與射飛鏢的賺錢機率相差不大，因為基金不幫你判斷趨勢，也沒有買賣的問題，他們的「buy & hold」策略狡猾地避開最困難與風險最大的責任，難怪台灣金融業中最好賺的就是投信，沒有倒帳風險、沒有資金成本，也沒有高額沉入成本（投信不用學銀行到處開分行吧）。

看到這裡，請投資人好好地檢視你所投資的基金，是否被賺走過高的手續費，因為投信不幫投資人判斷四大守則中另外最重要的兩項，且對於類股與個股選擇的精準度也不見得太高明。

↑永觀寺·京都

收盤後的
人生

　　一般散戶最常見的投資選項是：

1. 在上升趨勢市場買進強勢類股中的弱勢股：

　　　　這類散戶堅信終究會有「補漲」，如2007年台塑漲幅曾高達100％，而同類的台苯從一月到十月的漲幅才31％，十一月大跌後更幾乎將全年漲幅吃掉；其它二線塑膠股都類似台苯的情況，但偏偏二線低價塑膠股吸引到較多的散戶買進（從個股融資比率與張數便知），顯然這類投資者是輸家。

2. 在上升趨勢市場買進弱勢類股中的弱勢股：

　　　　這類散戶常說：「反正是多頭市場，我用閒錢投資，總有一天等到它漲上來。」如2007年的弱勢股有DRAM、金控、電子設備與零組件，不妨去看看2007年的南科、力晶、中信金、台新金、亞光、中光電與一些被動元件等。

3. 在上升趨勢市場買進弱勢類股中的強勢股：

　　　　這類散戶稱之為「跟明牌」，經常有一些不適合這個市場的勵志口號，如「沒有不景氣、只有不爭氣」、「在不景氣中脫穎而出的火苗企業」等等，整個不好的產業中，不能一竿子打翻一條船，認定其中沒有異軍突起的個股，其實不過是選股難度太高，像2007年弱勢股如筆記型電腦零組件中的能緹（3512），在眾家大師與媒體的集體吹捧下，八月底時曾逆類股走勢走強，但終究只是曇花一現地回歸基本面，短短一百多天便從130元跌到29元。

4. 在下跌趨勢市場買進弱勢類股中的弱勢股：

　　　　這個舉動是輸家的看門本領，買到下跌趨勢市場中弱勢類股的弱勢股並不可恥，真正可悲的是一路抱下去。在我寫這本書的

2007年底當下，長期多頭已經走了五年，多數投資人早已遺忘，甚至從來沒有遭遇長期空頭，以2000年4月－2003年5月，共38個月的空頭中，多數類股與個股都迫使投資人一而再、再而三的斷頭、破產、離場。

5. 在下跌趨勢市場放空強勢類股中的強勢股：

　　這類投資行為叫做「不信邪」；請記住下面這段話：「長多行情也經常會大跌一千點、長空時期也會急漲一千點。」下跌趨勢明顯的空頭市場中，作空當然也是一個不錯的選擇，但千萬別去放空逆勢上漲族群的強勢股，投資人若印象深刻的話，2001年10月－2年2月，屬於長期空頭趨勢，可是DRAM股卻逆勢的大漲，短短月中，南科從7.9元漲到55元、力晶從6.5元漲到33元、茂德從11到41.7元、茂矽從5元漲到22元。在下跌趨勢下，若放空強勢類的強勢股，結局比其它種類的錯誤更悲慘。

◀大山崎山莊美術館，
　大阪
搶匪與埋專的兩大不
同點：
一、搶匪沒有執照。
二、搶匪很少穿西裝
　　打領帶的。

貳、先認輸再求贏

漂流的史坦利2007/8/28

現場還原：

　　大億科法人董事STANLEY ELECTRIC辭職

當事者的說法：

　　大億科董事長特助兼發言人楊智元強調，由於大億科和日商STANLEY兩大集團原本在其他事業領域上亦有合作關係，因此，這次STANLEY淡出大億科董事會，也並非意味著雙方面的友好關係有所改變，未來大億科仍會藉助STANLEY在LED領域上的技術指引，從事各項新產品的合作開發事宜。

解構：

　　大億科是一家製造面板背光模組的公司。

抽絲剝繭：

　　我統計了從2001年至2007年第二季，所有背光模組公司六年半來一共賺了多少？冠軍是中光電116億、亞軍是瑞儀88億、季軍是輔祥29億(真的印證了每個產業只能看前兩名；輔祥股東權益67億，六年半賺29億，年化後的報酬率大約只剩5－6%)、第四名是福華7.4億、第五名是奈普4.8億、第六名是科橋4.3億，第四到第六名已經屬於艱困的經營，僅勉強維持正數，但已經賺不回利息錢。

　　第七名是大億科，六年半來合計賠掉近九千萬，是上市上櫃公司六年半以來唯一虧錢的背光模組廠。

日本男配角要退場：

　　STANLEY ELECTRIC在2007年6月15日才再度當選董事，竟然兩個半月不到就要落跑辭任董事，顯示此舉乃臨時起意，雖不敢評論日本人草率行事，但內情絕不單純。

投資豈是路：

　　一家公司若連長期技術合作的董事，都要辭董事落跑，就別再去迷戀該家公司背後有什麼偉大的金融力量，與神秘的大師加持。

票房情況：(股票的票房就是股價　2007/8/28)

第一名：瑞　儀 —— 49.00 元		第二名：中光電 —— 47.50 元
第三名：大億科 —— 41.45 元		第四名：福　華 —— 36.00 元
第五名：奈　普 —— 33.90 元		第六名：輔　祥 —— 31.95 元
第七名：科　橋 —— 16.55 元			

網友剛果醫生(筆名)提供之長野清里

前兩名乃實至名歸，而六年半來沒賺過一毛錢的大億科股價，竟然排名整個產業的股價季軍，真是難得，難怪日商STANLEY ELECTRIC要趕快take profit。

STANLEY ELECTRIC觀點：

我一定要賺大錢，這公司賠了八年半(若從1998年開始算的話，總共賠了快三億)，八年半來只有兩年賺錢，此刻股價還撐在第三名，不跑還待何時。

老片欣賞：

1. 2004年4月下旬，合邦董事華邦電子解任，當時合邦股價60元以上，從那一刻至今，合邦股價腰斬又打折，2005與2006兩年皆陷入虧損。

2. 2007/8/2台半監察王雀息解任，股價從七月底的79元，跌到八月底的40元，幾乎腰斬。

3. 2007/8/2宏易自然人董事林元昌解任，不到一個月股價跌掉三成；2007/7/30鐵研監察人江淑英自然解任，鐵研股價不到一個月從53跌到33。

4. 艾訊公司(3088)、新揚科技(3144)、源恆工業(4502)、經緯科技(5206)、耀文電子、系通科技(5348)、東正元電(5376)、科橋電子(6156)、安碁科技(6174)、享承科技、網路家庭(8044)、大億科技(8107)及關中公司(8941)等，為2006年5月OTC之董監事持股不到二分之一的公司，而這些公司在一年內(2006/6－2007/5)，都曾經有累積了三成到七成不等的跌幅。

大億科的結局：從2007年8月28日的41.45元一路崩跌到2008年1月
的21元。

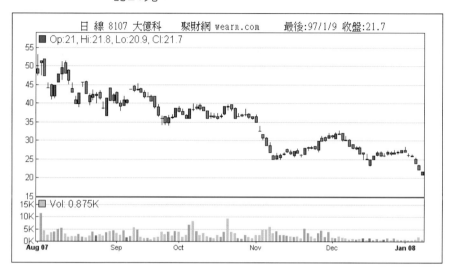

➡在漲與跌之間，日線與週線
的更替，我們安排了許多儀
式，藉由看盤解盤分析與明
牌的儀式，非常一廂情願、
非常妥善，一如行星運轉。

神群出貨團

　　很多人看過《達文西密碼》後，才知道曾經有個勢力龐大、富可敵國的組織叫做「聖殿騎士團(Knights Templar)」。他們擁有軍隊、武力、驚人的財產。在《達文西密碼》作者Dan Brown的筆下，他們甚至是西方現代銀行業的濫觴。

　　而電影「國家寶藏(National Treasure)」也巧妙地把那一大筆眾人覬覦的財富，與聖殿騎士團的遺產聯想在一起，憑添更多想像空間。然而，這些都是稗官野史、郢書燕說，要想在現代、特別是台灣找到這麼一個富強的組織，可能只有一個候選人－神群出貨團。也就因為它像聖殿騎士團一樣的圖謀大業，不知有多少人前仆後繼等著加入它們。

　　據報導，台灣散戶自救聯盟曾經多次有意將神群出貨團列名金融恐怖組織。這除了代表恐怖組織一直將出貨聖戰伸向散戶的荷包之外，也代表著有識之散戶對這支勁旅的敬畏，不單是操作交易上，特別是他們在媒體、經濟上的洗腦實力。

　　每次在股市高點地區，神群出貨團已悄然成為最重要的財經言論主導力量。據不願意透露姓名的個人投資者(為保護其身家財產安全，姑且稱其為獵豹)指出，他們的勢力已連結上百家媒體，估計控制超過六成的財經記者、九成的財經作家與名嘴的言論與高達百億美元的出貨及明牌市場。

　　這支神群出貨團的成立期間已經不可考，做爲保護各大上市上櫃公司大股東出貨的重要吹捧及行銷力量。這支由大約50人所組成的堅強部隊，以大規模洗腦工程能力進行散戶的意志摧毀，並在多次的萬點戰爭後，接管股市言論製造中心的戰略高地，在多重媒體的交替保障下，掌握著報紙頭條、投信認養、文字的活水製造及主流股吹捧方向等產業。這支傳奇部隊掌握各式各樣活動，就連房地產及餐飲業也在其中，獵豹先生透露說，他們是台股週邊各式產業最重要的主導者，連散戶吃什麼餐廳都要進行洗腦。

　　神群出貨團檯面上人物，有愛背數字、亂押政治、一次講兩百檔明牌的國師級媒體大亨，還有一個以岳不群的華山派爲偶像、樣貌酷似哆啦A夢中小夫的名嘴，還有一個表演系、狂野激安大放活水的青筋大師，加上遊走於各談話節目、專愛插話的阿拉丁神燈名嘴，最近又多了一個用K線吹喇叭、貌似土豆的新崛起短線大仙；這支出貨團的勢力更深入媒體高層，21個媒體高層中，有14名是神群出貨團重要的檯面下指揮官，在390個記者中，神群出貨團成員則占了350名之多，其更掌控多數廣播、出版社、書局經銷商。

　　神群出貨團日益擴張的洗腦實力，足以說明爲何散戶自救聯盟要將其列爲金融恐怖組織。據不願透露姓名的分析師說，神群出貨團掌控數十億美元的收入，已是明牌製造的理念核心，其所延伸的經濟力和祕密洗腦行動的破壞力，遠遠超出公眾眼界以外。台股相關的多空方向、概念主流的欽定、檯面下承銷利益、財經媒體的頭版，無論是個股、價位、版面，乃至於理財知識及大學財金系所的教材，無一不在神群出貨團的洗腦範圍中，地位相當於白色恐怖時期的警總兼救國

團。相關掛牌公司都和神群出貨團有緊密的連結，否則一旦被打為非主流類股，其股價永遠抬不起頭來。

　　神群出貨團經手相關利益約達數億美元，這令人難以置信，也使得其他有志之士與年輕新秀很難有發展空間，每個重要股票關卡都被神群出貨團控制的媒體所承攬。官方所公布的神群出貨團收益，一部份來自短線炒作，如事先一天買進隔天頭版頭條的個股，賺它一根漲停；有一部份來自承銷，有的是興櫃時就佈局，有些則是透過承銷商分配，新股不多時可以搞點現增與CB，若新股案源萎縮時，神群出貨團就會運用媒體唱衰台灣的股票發行市場，大唱「香港能台灣為何不能？」，政府當局只要聽到有人唱衰就會很緊張，新股把關與新股品管就先擱在一旁，讓一些妖魔鬼怪股票上市來滿足神群出貨團。

知床二湖

他們是民粹的洗腦力量，非常具意識型態與排他性，所有觀點都建築在金錢之上。神群出貨團在股民心中扮演獨特的角色，他們被設定為明牌的來源，提供常備明牌給無助(知)的股民散戶，以對抗空頭勢力。直到現在，他們仍被視為廣大笨散戶信念的堡壘。這支出貨團的組織如同紀律嚴明的民兵軍隊，有官方的訓練機構(如一些投信、投顧與投資團隊)，及獨立的媒體－法人－操盤等一條鞭編制，甚至還有令人生畏的國外情報組織－外資，可以直接彙報給外國的出貨團，這麼強大的力量，自然令我不寒而慄。神群出貨團和股市連結過深，因此只要進來股市，其實也就是在某種程度上和神群出貨團打交道，不知不覺就會在心中塑造出一尊尊的「十億神」、「破產復活神」、「明牌神」等等。

由於沒有監督機制，而牽涉的利益又如此龐大，神群出貨團已足以用來資助許多可怕的深層洗腦行動。像是將魔掌伸進中、大學校園，藉由一些大師高唱「財報無用」、「總經迂腐」的理論，只談空幻願景、背背昨天的金融收盤數字、秀一秀掛牌公司老闆的形象包裝，麻醉已經不太用腦的下一代，繼續「努力工作賺錢來讓大師出貨」。我認為，散戶大眾要將媒體與出貨的結合視為恐怖組織，才足以斷絕繼續虧損的可能。但很悲哀的是，散戶大眾早已視神群出貨團為明牌救贖者及當成牢不可破的投資惡習，當然不會同意將這些神明大師視為恐怖組織的這類說法。

庫藏股緣滅不起
2007/8/29

庫藏股緣滅不起2007/8/29

前戲：

　　良維預定8/30－10/29買回3000張，區間價15－25元。

第二幕：

　　2007/8/30開盤漲停到底。

第三幕：

　　2007/8/30下午收盤後公佈半年報：07年上半年稅後損失1.05億、每股虧損1元，其中第二季虧損6500萬，較07年第一季的虧損3900萬，以及06年第二季的虧損900萬，進一步擴大，並創下單季最大虧損紀錄。其中07上半年的投資損失就達7600萬。

　　對子公司的背書保證達5.2億(此金額不列在資產負債表中)，較07年第一季的5.1億增加；第二季的資產負債表中的金融負債為11.16億，與第一季的11.47億相差無幾。

　　07年第二季帳上現金僅剩4500萬，與第一季的1.88億相較大幅降低，第二季應收帳款增加5000萬、存貨增加6200萬、長期投資增加3100萬，資產之流動性堪虞。

　　長期投資金額、背書保證金額及資金貸放金額合計數占公司最近期財務報表淨值之比率，從第一季的72.81%增加到第二季的77%。

沙巴！殺吧！緣滅不起！惡習難改！

第四幕：

　　以07年六月底帳上現金餘額爲4500萬來估算，8/30收盤價16.65元，最多僅能購買庫藏股2700張。但是，良維今年每股發放現金股利0.39998元，恰好要在近期發放4548萬左右的現金股利，根本已經是資金調度陷入捉襟見肘的窘境了，還大方地實施庫藏股！而良維的現金流量已經是連續三年呈現負數，庫藏股與發放現金股利的雙資金缺口勢必讓公司未來的財務更爲惡化，講白的，就是勢必要進一步舉債來支應龐大的資金流出缺口。

第五幕：

　　一家公司趕在公佈半年報的前一天實施庫藏股，並以很猛、很乾脆的手法在開盤十分鐘後直拉漲停。

解說：

　　庫藏股不是萬靈丹，實施庫藏股能夠奏效並得到認同要有：

1. 股價不合理的下跌：良維上半年每股虧損達一塊錢，且財務面中的流動性持續惡化，加上兩年搞了三次現金增資造成股本膨脹與籌碼凌亂，跌到15元並非不合理。

2. 公司本身要有相當厚實的現金實力，而不是硬靠舉債去護盤，但我相信任何一個財務人員都很清楚這些公司的財務原理，除非是要替特定人士做解套性的護盤買進。

開講：

1. 不合理的實施庫藏股買進且時機敏感，千萬要停看聽。

2. 在短期間內，又辦現金增資、又實施庫藏股的公司，要特別小心。

3. 還看不懂我到底在寫什麼的投資人，請從今天起離開股市。

4. 一家掛牌公司被特定刊物與人士，一年內大篇幅吹捧三、四次之多，且該公司並非龍頭、並非指標性公司、並非知名公司，這就是「出貨煙霧」。

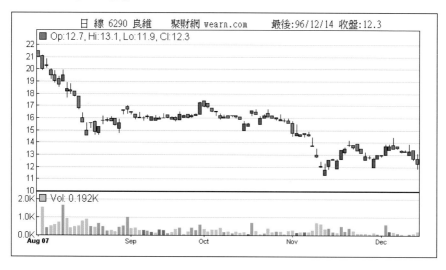

他能提，我不能提2007/8/30

　　這是一家上櫃前後受到所有財經名嘴與媒體吹捧的公司，當時的時間大約是07年8月中旬，我先用當時的財務數字檢驗她一番：

	上半年EPS	股價(8/31)	上半年本益比
奇鋐	0.87	33.75	39
業強	0.95	44.25	47
超眾	1.31	51.00	39
能緹	0.99	101.00	102
力致	2.65	223.00	84
鴻準	4.50	300.00	67

　　能緹本益比最高，但EPS僅和業強、奇鋐接近，而股價差距則高達三倍。

	第二季EPS	年成長率
奇鋐	0.41	轉虧為盈
業強	0.61	+356%
超眾	0.65	+70%
能緹	0.32	負70%
力致	1.98	+205%
鴻準	2.04	+28%

散熱族群中,唯一第二季淨利比去年同期衰退之公司就是能緹。

	七月營收:億	年增率
奇鋐	15.9	48%
業強	2.2	64%
超眾	3.5	32%
能緹	1.3	77%
力致	2.2	46%
鴻準	105.0	64%

七月的營收可是整個族群都往上竄升,能緹的成長性並不特別突出。

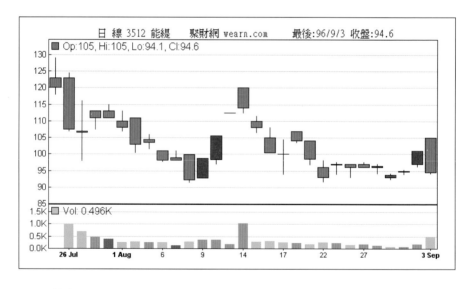

能緹一共承銷3221張新股,其中969張供散戶抽籤,其他2252張就是所謂配銷圈購。反正你我這種小咖小戶除了去抽籤外,別想要用承銷價36元去購買能緹,至於是何方神聖買走這2252張每股36元的能緹?佛說不能提就是不能提。

主辦承銷商為中信證券，現在主辦圈購的券商有個不成文默契，圈購者必須在承銷商開戶並用該券商所開立的戶頭買賣，中信證從能緹掛牌以來共賣超1109張，其他協辦承銷商賣出的張數連同中信證賣超張數近兩千張，也就是這些不能提的人士已經開溜了。

07年8月30日，有個電視節目請到能緹的董事長上節目，第二天8月31日就直奔漲停，但第三天就戲劇性的洩氣了，真是「狂喜狂悲後沒什麼道理」；就在當時的八月下旬，能緹公司的相關利多消息就經常出現在三大財經類週刊，且不乏大師級名嘴親自撰文吹捧該公司。

比起昔日四大天王主力的時代，現在的吃相真的難看許多，直接在電視上與公司老闆一起表演興奮活水，一天噴出後立刻狂洩，以前用週刊現在用電視，一週弄一檔明牌，三千萬買下去隔一、二天賺根漲停出場，一個禮拜就可以搞個200萬差價利益，還可以請其他媒體一起來「轟趴」，你噴出我噴出，不亦快哉？

破解：

一家公司的CEO上電視接受業內投顧的專訪，就算不是股價的長期高點，但絕對不是股價低檔。我以健鼎為例，2006年2月初健鼎董事長上投顧財經電視節目，結果2006年一整年健鼎的股價完全沒有表現，直到一年後的2007年2月才脫離泥沼。

理由有：

1. CEO上電視表示「志得意滿」、「心飄飄然」，這不是正常CEO的心態，自大不代表自信。
2. CEO上那些節目，會讓內行專業的投資人心存疑心，會質疑該公司與投顧之間到底有何微妙關係呢？
3. 檯面上的許多名嘴不是媒體人，請大家不要搞混了。

收盤後的人生

結局：

　　五個月後的2008年1月上旬竟然跌到29元，投資人若在八月下旬看了媒體的強力大放送而去買進，五個月損失高達八成。

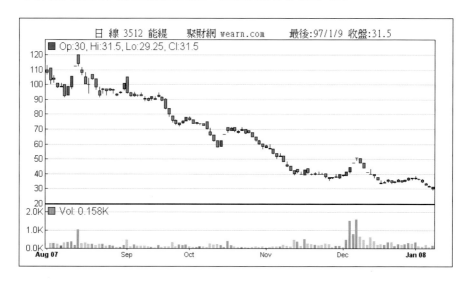

←美瑛

神鬼奇航花花旗旗一
年度裝孝維大作2007/9/12

　　9/12新聞稿：都是次貸惹的禍！花旗：壽險股被賣過頭　點名國泰金為首選

　　「次級房貸風暴席捲全球股市，位居暴風中心的金融股全面遭到砍殺，花旗環球證券金融產業分析師表示，壽險股實在是被賣過頭了！以國泰金為例，光是最近一個月內，股價驟跌20%，比投資擔保債權憑證(CDO)的總額還要高，預期次級房貸所引起的市場恐慌消退後，國泰金強勁的基本面將展現在投資價值的反彈上，列為亞太區壽險族群首選。

　　分析師指出，國泰金投資的CDO總額為290億元，其中與次級房貸有連結部位大約是33億元，就算將290億元全數認列為虧損，也只佔國泰金淨值的13%，和7%的隱含價值(EV)，相較於近1個月來國泰金股價蒸發20%，幾乎是沒得比，更何況根本不可能將投資CDO的290億元都認列為虧損。」

總幹事評：

　　看看過去20個營業日中(07年8月16日到9月12日)，到底是哪一家券商賣超國泰金最兇呢？正是花旗環球證券，那段期間一共賣超76787張，比起賣超第二名的摩根大通證券足足多了三萬多張。

收盤後的人生

　　這種舉動讓人想到台語的俗語：「神是他，鬼也是他！」故作扭捏地替國泰金大抱不平，呼籲大家不要把國泰金的股票賣過頭，結果資料一查，賣最兇的正是這家花旗環球證券，對於他們的臉皮，我只能冷眼看待。

↑直島BENESSE HOUSE的咖啡廳

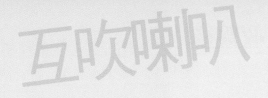

互吹喇叭

有一個財務槓桿做得很複雜的集團叫做潤泰，她旗下有兩家上市公司，一家叫做潤泰全球(簡稱潤泰全)，另一家叫做潤泰創新(簡稱潤泰新)，07年第二季時有兩則相關的公告：

1. 潤泰全3/28－5/23處分潤泰新11,835張，獲利1.66億元。
2. 潤泰新4/19－5/15處分潤泰全1410萬股，獲利1億3660萬元。

從這兩則新聞可以看出，潤泰全與潤泰新有交叉持股之關係，潤泰新持有潤泰全15.74%的股權，潤泰全則持有潤泰新32.6%的股權。

當然兩家公司有不同的本業，本業賺錢回饋給各自的股東乃天經地義，也是正常的財務行為，在會計上列為「權益法認列之投資收益」；但若是賣掉轉投資公司持股獲取之差價利益，在會計上列為「處分投資利益」，而這兩家公司的股價互相拉抬並將互相持有的部份持股處分之獲利，此乃藉由交叉持股的買賣價差，在探究公司之真實經營績效時，我會將其扣除。

我舉個例子，我開了A與B兩家公司，假設各互相持有50%，而兩家公司另外50%的股東就是我，而A與B都是掛牌公司，不論是人為拉抬還是股市多頭氣氛所致，A與B公司的股價都來到20元，假設A、B兩家公司完全沒有其他業務與淨利，然後A賣掉B公司50%的持股、B賣掉A公司50%的持股，則A與B的EPS都會來到5元，那我是否可以宣稱股價20元、EPS 5元，本益比只有4倍來吹捧股價？當然不行。

收盤後的人生

你不願面對的真相

　　潤泰全07年第二季稅後淨利6.69億，但扣掉交叉持股潤泰新的處分利益後僅有賺5億，真實第二季EPS為0.68元，較06年第二季的0.82元衰退17%。

　　潤泰新07年第二季稅後淨利7.32億，但扣掉交叉持股潤泰全的處分利益後僅有賺5.95億，真實第二季EPS為0.78元，較06年第二季的1.26元衰退38%。當然這兩家公司的帳上的確有如報表的收益入帳，但這一切不過是靠彼此的股價上揚所造成。

07年第一季：潤泰全累積處分潤泰新11,766張，獲利1.59億元，佔潤泰全第一季稅後淨利的41%。

07/8/31：潤泰創新董事潤泰全球申報轉讓16,000,000股。

07年第三季：子公司興業建設1/19－7/16處分潤泰全13,324張，獲利2000萬元。

　　子公司興業建設96/7/17－96/8/7處分母公司潤泰全11,744張，獲利4774萬元。

　　興業建設8/8－8/24處分母公司潤泰全11,336張，獲利6993萬元。

　　清楚了嗎？整個集團的主要公司的獲利，有一大部份是經由處分互相交叉持股而來，一旦股市陷入空頭，他們的獲利將會大大縮水。

結局：

　　潤泰新從07年8月下旬的41.2元跌到11月底的23.9元，跌幅42%；潤泰全從07年8月下旬的31.8元跌到11月底的23.85元，跌幅25%。

註： 1. 以上數字都來自公開資訊觀測站與各大新聞網站。
　　 2. 吹喇叭指互相吹捧之意，請勿做色情聯想。

世界三大夕陽美景之一：沙巴落日

　　股價可不可能長期拿來宣傳呢？可以的，藍天電腦就是個例子。從宣傳的口號看起：「藍天百腦匯目前在大陸全國有十餘家連鎖商場，並且已經拿下哈爾濱、西安、上海浦東、廈門、無錫、青島、武漢等中心城市黃金地段項目用地，預計未來三年，將在中國35個主要城市成立百腦匯連鎖商場。」

　　屌嗎？真的也夠嗆了，可惜不是叫我替他宣傳，那些媒體上背數字的老國師、玩劍又爬山的投顧明牌老師都沒有創意，這是家被財經媒體推薦了兩年的公司，如果是我，乾脆稱藍天是「中國地王」，不是更聳動嗎？小騙與大騙都是騙，小壞與大壞都是壞，檯面上的名嘴們反正早已美名昭彰。(咦！有這成語嗎？)

　藍天的淨利狀況：
2006年第四季稅後賺1.63億、EPS 3毛錢。(台幣！不是人民幣)
2007年第一季稅後賠3600萬、EPS虧7分錢。
2007年第二季稅後賺5.36億、EPS 0.96元。
2007年第三季稅後賺7.07億、EPS 1.27元。

　　過去四季合計賺13.7億、EPS 2.19元，股價51.2元(07/9/5收盤)。看到這邊，可能有人認為本益比過高，也有人認為過去不重要而要看未來。這是見仁見智的標準，重點是要看錢從哪裡賺來。

先看藍天的兩個資料，看過以後你會嚇一跳：

1. 藍天持有群光電子(2385)32686張，因為不是權益法入帳，所以在財務上是用「成本與市價孰低法」來認列評價的損益。

2. 藍天在損益表上有一個科目：「投資跌價損失回轉」，其過去四季(2006年4Q到2007年3Q)以來的數字分別是3.42億、0.26億、3.68億、4.97億；也就是說，藍天的投資－群光電子的股價過去四季以來逐步回升，而將藍天早年攤提的「投資跌價損失」回沖；講白的，就是那四季藍天靠群光股價上漲而列了12.33億(當然大部份是群光，少部份還有友達等)的利益。

假設，群光的股價沒有上漲，那過去四季藍天的真實淨利是13.7億減12.33億，不得了！只剩 1.37億，折算EPS為0.24元，以07年9/5收盤價計算，本益比高達213倍，沒看清楚的投資人還以為藍天的中國轉投資漸有起色了呢！更有趣的是，群光也持有藍天6150張，而萬一台股走空呢？群光的股價不可能只會漲不會跌吧。

有人認為我太吹毛求疵了，有大師曾經說要散戶多看願景不要看過去；要欣喜迎接希望的雨露而非耽溺於過往的陰暗，好吧！那我們來找藍天的興奮活水好了。「藍天表示，百腦匯的據點目前按計劃持續拓展，中長期並規劃在2009年將百腦匯自建物業包裹後，到香港發行REITs，百腦匯的經營價值將大於資產價值；法人指出，由於香港REITs採市價發行，百腦匯賣場則是以歷史成本記帳，因此百腦匯2009年到香港發行REITs後，對藍天而言將有龐大的資產重估價值。」看到了沒，2009年呢！7、800天以後呢！而且還是「計劃」。

　　再對照一則新聞：2007/7/25「厚生在板橋推出的豪宅案『橋峰』正式宣布完銷，由於『橋峰』開價40－50萬元，超過區域行情，讓外界懷疑其銷售動能，但『橋峰』在短短6個月內正式銷完，平均單價逾40萬元，跌破法人眼鏡。法人預估，扣除土地及建築成本，全案對厚生的利益約54億元，EPS貢獻度達10元。尤其，厚生公司內部正評估減資最高5成，若計劃落實，則EPS貢獻度將大增至20元。」

蘇花公路

殘酷的事實：

　　厚生從07年7月18日的27.4元一路下跌跌到14元，投資人笨嗎？EPS 20元還會讓股價從27元跌到14元，本益比不到2倍(27除以20)，怎麼會跌呢？

警語：

　　越是偉大的新聞，就越有精彩熱鬧的故事。別人出貨，你用鈔票、自尊與悔恨去買單。糟糕的是，散戶往往是對自己悔恨，而忘了這些消息與明牌的傳播者。有人問我，怎麼知道哪些個股有這些怪怪的招數，我只能說：是非之人必愛是非之股。

結局：

　　藍天的股價從07年8月下旬的63元跌到12月18日的34.6元，跌幅45%。

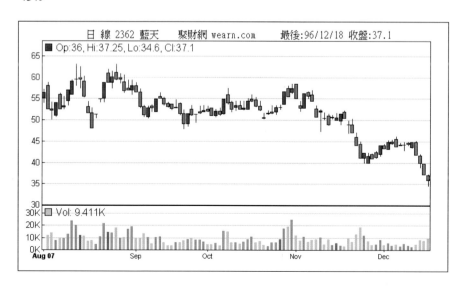

出貨之起源－誠徵股票經銷商

　　本公司（小華豬頭光電科技股份有限公司）將於一年後掛牌上櫃
（目前已經掛牌腥櫃，股票代號：08957林爸做有錢），為本公司達
成未來年度的唯一目標：拉高出貨，特刊登在此，徵求合作之出貨夥
伴。

條件：

A級——政要大亨級：能夠灌業績、灌營收給本公司或掛名董監事
　　　　者，共同創造高成長、高EPS、低本益比的出貨絕佳空間者尤
　　　　佳。

B級——法師大師國師級：有財經媒體頻道者為佳，有財經媒體固定
　　　　帶狀節目次之，或能擁有主流財經的固定出貨專欄，並能吸
　　　　引宗教式的散戶信徒者尤佳。

C級——記者級：能承諾在承銷期間供稿一篇頭版頭、三篇證券版頭
　　　　條與六篇其他版面者；或在前三大財經雜誌能供稿一篇至少
　　　　四頁的公司利多報導、或一篇本公司CEO黃豬頭的個人專訪
　　　　（註：本公司要求有100%潤稿的空間）。

D級——小咖級：能備妥遊民、零工等居無定所之人頭戶100戶者。

申請時請備妥：

1. A－C級請出示過往出貨成功之證明紀錄，若屬A級經銷商，可以與本公司擇期密談。
2. 出貨的行銷與廣告計劃書一份。
3. 承諾書一份，並承諾本公司有權安排每位經銷商所能分配之「恰特定人股票」，不得有異議。
4. 承諾在掛牌一年內，要盡可能的粉飾本公司之一切負面訊息。
5. 掛牌後的現金增資、可轉債增資的承銷分配，將考慮第4點所表列的表現。

分配計劃：

　　本公司預定承銷3000張，證券承銷商已經訂走500張，公開讓該死的散戶抽籤300張，本公司的大股東、小老婆、大姨媽、小囉嘍又包下了800張，其他1400張則依本辦法選擇優良具經驗的股票經銷商來分享本公司賣股票的利潤。但本公司選擇之經銷商不限一名，各經銷商之間不會彼此曝光，此乃本公司之道義責任，並會遵守保密原則，來應徵者絕對保密，不會洩露面試者的身分給獵豹、總幹事那種萬惡的「擋人財路者」。

特別徵求：

　　地下室(比檯面下還要檯面下)藏鏡人若干：能承諾在本公司掛牌後用高價買入股票者，投信經理人、自營商操盤人、外資交易人員、金融機構操盤主管尤佳，本公司將給予您購買金額的8%做為回報，而且是現金不連號。當然，依您的操盤金額與權限大小可以斟酌再加一些回報，量大者可以關室面議密談之。

收盤後的人生

以下是年度十大經典行銷創意：

出啊！出貨務必出到乾淨。

出貨務必出到破底：史上第一強經銷商，10天跌6成，將臍帶血帶入年度冠軍寶座。

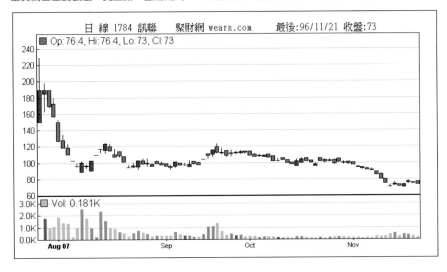

2007年的經典，結合三度空間的行銷美學，行銷攻勢一波跟著一波，十分有秩序美。

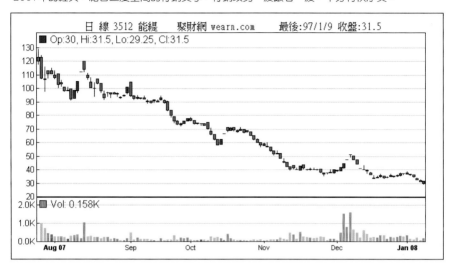

蠻粗糙的，不過，有效啦！

收盤後的人生

從十份到尼加拉，週刊近期的瀑布遊記，既低調又精采。後起之秀，加油加油，看能不能追上那家臍帶血。

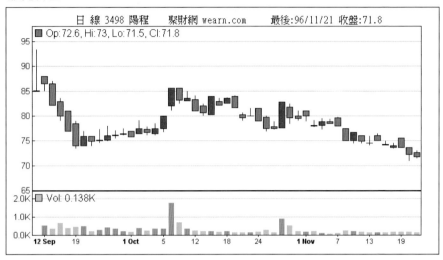

出來混的，總會碰到出完了竟然被瘋狂的散戶拱了上去。不過，夕陽無限好，只是近黃昏，新股加上經銷商有如牛頓的地心引力，墜落的力道勢不可擋，連刀鋒伺服器也無可擋呢！

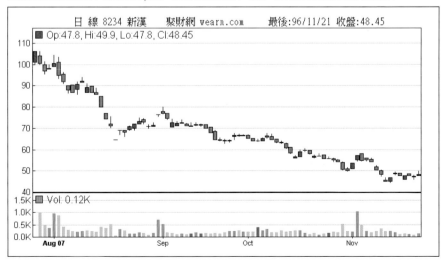

多美妙的經銷商業績曲線，高檔放大量，百分百銷售結案。

她的富爸爸奇美都欲振乏力，兒子當然就每況愈下，但不失年度經銷的經典。

收盤後的
人生

王牌新股經銷大師力推，一年多股價可以腰斬再打折，別人沒有這種功力。

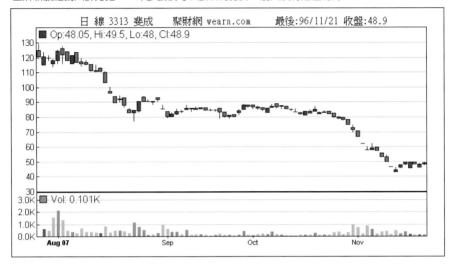

聽都沒聽說過，這經銷商太神奇了，有如無影腳，整個企劃可以如此低調沉默不引人注目。

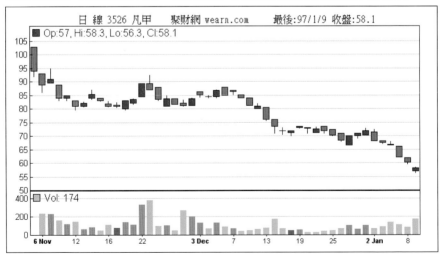

號稱鴻海加持，股價依舊有如被出貨團鐵騎洗劫過的蕭瑟。

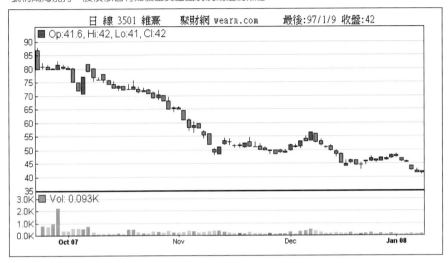

▼直島BENESSE HOUSE的美術館‧四國

設備股的花招

　　到底能給設備類股多少的本益比呢？這個問題長期困擾著投資人。設備商的EPS受到上游客戶出貨速度時程與數量影響相當大；更有甚者，很多掛牌的設備廠背後都有相當大的面板、半導體或EMS的股東客戶，既是客戶又是股東（當然，高級主管與董監事檯面下的持股），藉由交貨、裝機期或出帳期的調整，去影響設備廠的月營收、季營收甚至1、2季的財報數字。

　　如某A面板廠的老闆、高級主管事先買進某B設備廠的股票，然後加速向B設備廠下訂與裝機，也許今年A面板廠的資本支出僅需要五台檢查機設備，卻提早將明年度的五台機器也請B公司提早備貨出貨且入帳，於是B設備商的今年營收當然相當興奮活水，年增率、EPS等，要多少有多少。

　　當然再配合熟門熟路的券商揖客，找些媒體或大師寫一些「興奮、優秀、感動、活力、勤奮」的報告，最好B公司的CEO上些媒體裝一下低調與憨厚形象，此刻股價不被散戶追翻天才怪呢！

　　可是，明年的業績提早在今年做掉了，那B公司明年怎麼辦？如果您的內心產生這種問題的話，請您用最快的速度遠離投資市場。好吧！讓我告訴你，B公司會加入A公司的炒股集團，A與B會找上一家

更新的設備商C，除了A繼續灌營收給C以外，連B都會割一些自己的業績給C公司，到時候再請投資大師與媒體寵兒配合業績的發佈，而散戶們存了半年的薪水後，再來當一次冤大頭。

設備商的本益比

1. 東捷：2006年賺8.53元，股價最高89.5元，本益比的上限是10.5倍。2007年上市後竟然轉盈為虧，上半年每股賠0.3元，股價從掛牌第一天的89.5元腰斬到45.5元。

2. 高僑：2005年EPS來到最高的11.34元，股價最高為147元，本益比來到13倍。結果2006年衰退到6.12元，2007年上半年更衰退到不到1元，股價就從147元的高價大跌1、2年到38元。

3. 均豪：2006年的EPS來到最高的3.64元，股價最高為49.9元，本益比來到13.7倍。結果2007年上半年竟然轉盈為虧，股價就從49.9元的高價大跌到16.8元。

4. 志聖：2006年的EPS為3.08元，是近年最高的一年，股價最高為27.1元，本益比最高為8.8倍。今年上半年退步到0.87元，結果股價就跌到20.9元。

5. 廣運：2005年EPS為5.76元，股價最高51.4元；2006年EPS為4.51元，股價最高為52.5元，也就是說其本益比的上限是11.6倍。

6. 其他如瀧澤科近兩年的本益比上限為10倍、漢唐近兩年的本益比上限為10.7倍、東台近兩年的本益比上限為9.5倍、港建近兩年的本益比上限為14倍、蔚華科近兩年的本益比上限為11倍、盟立自動化近兩年的本益比上限為8.8倍、亞智近兩年的本益比上限為8倍。

7. 帆宣：該公司2002年10月掛牌，2002－2006年的股價最高分別是
123、122、92、52.5、35.8；2002－2006年的EPS分別是7.6、6.3、
5.9、3.6、2.9；2002－2006年的本益比高檔分別是16、19、15、
14、12倍。而2007年上半年EPS僅剩0.69元、2007年預估EPS不到
1.8元，股價也跌到23－24元之間，市場願意給的本益比也只有
12－13倍了。

結論：

　　從蒐集的資料來看，設備股的本益比到了10－12倍就是股價的高
點，若股價跑到了本益比14－15倍，更是長期的高檔區。

　　有人在07年9月某週刊這樣吹噓著：「不論PCB或LCD皆為趨勢所
在，又能達到不受單一產業資本支出的風險分散，在國產設備化政策
下，產業趨勢明顯。在陽程，我看到台灣繁衍不絕的中小企業不斷繼
起的興奮、優秀的『台灣島民蕃薯精神』重現。」

　　我就來檢視這一家陽程(3498)：07年9月11日掛牌，承銷價70元，
9/11當天直接衝高到93.4元，請大家看她的財報。

1. 2007年第二季稅後淨利EPS比起2006年第二季的EPS，足足衰退了
16%。

2. 2007年前三季合計的現金流量為負一億八千四百萬，但同期的稅後淨利合計為2.92億，顯示這家公司沒有賺取現金的能力。

3. 2007年第二季與第三季的資產負債表中有近一億的「其他應收款－關係人交易」的金額，有內部人借貸的問題。

4. 應收帳款逐季暴增，應收帳款週轉率(次)降到史上最低的1.02次(2007年第三季)。應收帳款週轉率為判定設備商營運健全與否的很重要指標，通常我會看逐季的趨勢，如果逐季下降的話，這家設備商就正式進入長期衰退的循環中。

5. 上櫃前一、二季的金融負債暴增，07年第二季的短期借款3.02億，而陽程在過去兩年都只維持著0－3000萬的金融借款，何以上櫃前突然增加將近三億的舉債？

6. 07年估計7.5元的EPS，以設備股的本益比上限12－13倍來計算，掛牌第一天的93.4元就是該公司的股價天險，80元以上都屬於長期的高檔區。

收盤後的人生

結局：

從07年9月到11月，陽程股價從93元跌到63元。

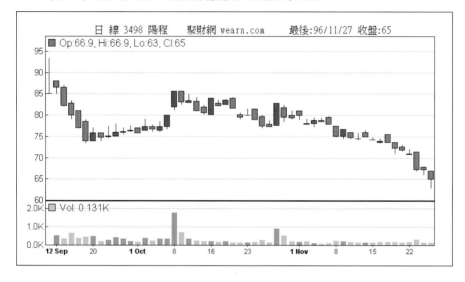

↑上高地 （小沈提供）

替老師解套－馬賽克

替老師解套一馬賽克

　　如果你和我一樣都是介於30到50歲左右，愛錢又不愛下功夫去學基本面、財務面、技術面、大滷麵，那麼我推算咱們接觸投顧老師與大師的時間約莫在四、五年前左右(應該是「AV四傑」小夫、藍綠通吃財經國師、吹不大只能小…小…小型股的青筋大師、中國一定強一定旺中國屁都香的日月章正在走紅時)，那時我覺得看到AV解盤，真是世界上最幸福的一件事：要明牌有明牌、要價位有價位、要表演有表演、要猜謎有猜謎，打開電視機，除了老師解盤以外，還真的找不出適合闔家觀賞的節目。

　　好景不常，正當我們全家其樂融融的欣賞這些大師表演之際，偉大的政府不去管放映屍體的新聞台、整日謾罵的脫口秀、垃圾比人多的購物台，卻開始對投顧老師的表演有了鐵血意志的政策轉彎。

　　不到一天，我就想起了讓大家解套的方法。天才的我除了愛看投顧老師的Live秀外，從小我就受到更偉大的日本文化陶冶。日本文化貴在細膩、貴在變通，從小愛看的「平成三姬」淺倉舞、飯島愛以及白石瞳使我得到了靈感。

　　以往看著妖豔的白石瞳，總有那塊惱人的馬賽克毛玻璃，一大坨的擋住了女優的下半身，讓我在滿滿的幸福感覺外多了一絲絲的惆

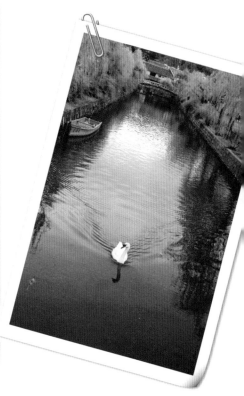

★倉敷美觀的天鵝與錦鯉之和平食物鏈，比起台股中的散戶與大戶，牠們可愛多了。

恨。而既然當局規定無牌老師不能在媒體露臉，那乾脆用馬賽克遮起來，要知道，現在電視製作也受了偉大的日本文化影響，以往的厚碼早已經改成薄碼，而薄碼的馬賽克保證讓人看了更加臉紅心跳，當然看到大師風範重現是免不了的，薄碼讓人一目了然，而且也達到不露臉的目的。

　　至於價位的問題，可以用消音的方式，這點在電視製作上是太容易被克服的；個股名稱可以用猜謎的方式，綜藝節目中那些超級比一比的節目早已經發展出很成熟的橋段，不然用猜燈謎的方式也不錯，多年前以「奇怪的玩偶」一謎暴紅的大師，不也給了這些投顧晚輩一個「這，就是啓

示」嗎？人性就跟男性的劣根性一樣，妻不如妾、妾不如偷、偷不如偷不着；投資人更是如此，明牌不如猜牌、猜牌不如猜不到，不相信的話請去翻翻那檔「奇怪的玩偶」當年連拉N根漲停的盛況；人一生中得此一明牌，套牢無憾矣。

是不是覺得從馬賽克的角度來看日本AV與台灣投顧的發展，有異曲同工之妙呢？事實上，馬賽克已經是不能遏阻的風潮，看著男優和女優交歡以及大師暢快的報牌，那一小塊欲蓋彌彰的馬賽克，不是更憑添了想像空間嗎？

所幸我的才藝還算多，但很怕有一天，連寫遊記、寫小說、寫孔雀魚大戰沙丁魚之類都要執照。執筆至此，手臂似乎因爲潮濕而感覺癢癢的，趕緊上網查一下抓癢要不要考個什麼證照，還好目前不需要，否則以後抓癢真的要等到四下無人。不過爲了謹慎起見，抓癢要不要執照，或許要去函衛生當局查詢後，我才能在文章內寫出來。

隔代造神術

隔代造神術

　　媒體有個不傳之「造神十字訣」：「景數格家學，始逆轉步閒。」說明著新聞界吹捧特定人物的過程與文章寫法，而可憐的投資散戶們，就要天天看這種灑狗血的「魚兒逆流上游」的造神文章。

　　一曰寫景誘人、二曰數字破題、三曰勵志格言、四曰家庭環境、五曰求學背景、六曰事業伊始、七曰逆境強敵、八曰如何轉型、九曰步驟經過、十曰閒雜人等背書。

姬路文學館

節錄一篇文章給各位看：

「從賣菜到賣面板」2003年2月 e 天下雜誌（總幹事按：濺鍍膜被無限上綱到面板）

「曾建誠以前在市場賣菜，學歷與背景都不出色，卻能把仕欽科技做成年營業額20幾億的上櫃公司。英、日文都不會的他，如何靠自己得到國際大客戶？他如何發揮「憨人」精神創造事業格局？今年1月23日上櫃的仕欽科技，是一個屬傳統家族企業的機殼加工廠，卻有著陣仗驚人的董事陣容，包括：前戴爾電腦亞太區國際採購總經理方國健、聯電副董事長宣明智、華碩創辦人徐世昌、童子賢、仁寶總經理陳瑞聰及群光電子總經理林茂桂。」

總幹事橫批：

故事開始一定要聳動，出貨第一奧義，若聳動度不夠，就要造神，如果公司的老闆是一個上班族家庭出身或一個普通公務員或工人出身，就少了散戶喜歡的造神灑狗血大戲⋯⋯⋯⋯⋯⋯⋯⋯⋯⋯

這些業界名人為什麼願意以個人身分或公司名義投資仕欽？30來歲、模具學徒出身，以前還賣過菜的仕欽科技總經理曾建誠，到底是用什麼方法來說服這些人加入？從來不在台灣下單的日本電腦大廠富士通和美國觸控面板大廠Elo Touch Systems，為什麼會與仕欽合作，把一年最高10多億台幣的訂單交給仕欽？

總幹事發問：

這些業界名人怎麼會不願意以個人身分或公司名義，投資仕欽這種獲利高達十倍以上的新股呢？所有人都願意呢！！

從一家資本額600萬的沖壓零件加工廠，順利轉型進入觸控面板和低溫真空濺鍍領域，成為資本額8億6千萬、年營業額20幾億的上櫃公司，仕欽憑藉的又是什麼？做過模具學徒的曾建誠，退伍後第一份工作是賣菜。由於在海軍總部當兵，退伍後他早上批菜賣給海軍總部，賣不完的菜下午再到黃昏市場擺攤。

雖然賣菜的利潤不錯，但是因為常常要花錢請負責採買的小兵吃飯喝酒，逐漸開始入不敷出。另外，每天凌晨1、2點就要出門批菜，長期下來很傷身體。8個月之後，他決定運用自己的模具技術開工廠。

總幹事眉批：

這根本就是沒有人想聽的老闆功績，反正上市就一定要爽一次，除了領薪水的可憐員工外，連雜誌讀者也要花錢看這種歐吉桑話當年。

仕欽科技成立於1991年，600萬元的創業資金全部來自曾建誠的家人。曾建誠表示，他沒有學歷、沒有背景，仕欽之所以有今天，是因為一開始「撿」別人做不完、或不要做的。常常一接到訂單，都是十萬火急，大家必須全員到齊趕通宵，所有員工不論職位都一律上線去趕工，常常2、3天不能睡覺。曾建誠的太太和大嫂，還曾經挺著大肚子上加工線，一直做到要生的那一天。

接受採訪時仍然重感冒的曾建誠說，創業10年來他沒有請過一天假。也許是「上天疼憨人」，後來仕欽在發展過程裡，時常在關鍵時刻意外得到貴人相助，不但逢凶化吉，而且讓公司的規模日漸擴大。

總幹事眉批：

碎碎念的當年勇還真多，哪一個人以前沒有辛苦過？

在一個偶然的機會，仕欽得到了和宏碁合作的機會。宏碁當時有4家機殼供應商，其他廠商很難打進去。在偶然的機會裡，曾建誠結識了宏碁技術團隊的負責人，漸漸地，有一些這4家供應商都不願意做的單子，仕欽就接下來做。慢慢地愈做愈多、愈做愈好，終於正式成為宏碁第5家供應商。

仕欽開給宏碁的低價格逐漸引起其他供應商不滿，為了搶訂單而彼此中傷。再加上宏碁本身的出貨量逐漸下降，仕欽來自宏碁的訂單慢慢減少，不久後就終止了合作關係。在宏碁的訂單逐漸減少時，透過科技界名人組成的「小虎隊」高爾夫球球友介紹，仕欽開始接神達的訂單，並和神達合作到大陸設廠。然而，這仍然無法彌補失去宏碁這個大客戶的損失。

總幹事眉批：

宏碁比較正派，沒有參與出貨團。

1992年，戴爾電腦在台灣成立IPO時，曾建誠曾試圖拜訪戴爾亞太區國際採購（IPO）總經理方國健，看看有沒有生意可做。曾建誠第一次去拜訪方國健時，戴爾電腦只有方國健一個員工。由於方國健不停在接電話、忙公事，曾建誠等了將近2小時才和方國健說上話。可是，談了2分鐘後，方國健就又推說有事要忙，匆匆送客。

收盤後的
人生

方國健透露，當時因為一聽就覺得兩家公司「門不當，戶不對」，所以立刻找藉口「閃人」。沒想到曾建誠毫不氣餒，不僅後來屢次去拜訪，甚至打聽到方國健喜歡打高爾夫球，就想辦法約他打球。最後，他執著的態度打動了方國健，逐漸願意接納和幫助他，甚至在做人處事上教導他。曾建誠後來加入方國健所創立的高爾夫球社團「小虎隊」，結識了聯電副董事長宣明智、仁寶總經理陳瑞聰和群光電子總經理林茂桂，這些人後來都成為仕欽的股東和董事。

也是「小虎隊」成員的蘋果電腦亞洲區採購暨OEM營運處總經理李繼萍笑著說，第一次見到曾建誠時，覺得「這個人怎麼那麼土」。

姬路文學館

總幹事眉批：

又寫了一次「土」字，笨散戶就是吃這一套，至今出貨大師的文章中仍然不乏類似字眼，越是形容得樸實忠厚，就越有那種被媒體洗腦很深的腦殘散戶相信。

　　然而，由於仕欽努力和打拚的精神，李繼萍也為曾建誠介紹了不少業界朋友，可說是仕欽另一個重要的貴人。

總幹事眉批：
　　出貨團靠打球形成的！我一直認為到球場就是純打球。

　　隨著產業型態的改變，仕欽也逐漸開始思考轉型。兩年前仕欽投入低溫真空濺鍍，目前主要應用為3C產品，尤其是手機機殼上。對於是否投資這項奈米級技術，去年在仕欽股東之間引起許多不同的意見。由於市場反應不錯，第二條生產線也已在去年9月完成並加入生產。為了貼近客戶的製造中心，仕欽也將在大陸設兩條生產線。由於低溫真空濺鍍的獲利比機殼高出1倍以上，未來將是仕欽發展的重點產品。

總幹事眉批：
　　真空濺鍍－好熟的產業，07年有一家公司，有相同的產品、相同的客戶、相同的訂單、相近的造神文章，只是相隔5年，又要上櫃掛牌了，我姑且稱她「新仕欽」。

仕欽的一些資料

	2003	2004	2005	2006	2007前3q
EPS	3.71	3.72	1.84	0.34	-0.26
年底股價收盤	59.00	32.30	20.40	16.70	12.60＊
融資	17133	18897	41017	62194	78866＊
帳上現金	11.02	8.92	3.75	8.41	1.85

＊為2007/11/26收盤

收盤後的人生

　　不論從獲利面、籌碼面與財務面，仕欽已經是一家被放棄掉的公司，早在2003年上市的那一刻就決定了這種結局。

新仕欽的一些資料

	2003	2004	2005	2006	2007前3q
EPS	0.38	1.86	12.27	11.27	10.88

　　美麗的巧合，2005年剛好是兩家公司的消長點，仕欽開始年年衰退，新仕欽剛好開始興奮活水大成長。嘿嘿，兩家都是NB的真空濺鍍業，台灣做NB的就只剩那麼幾家，只能大嘆「訂單大挪移，股價大躍進，出貨大順利，散戶被遺棄」。

這是仕欽的月線：

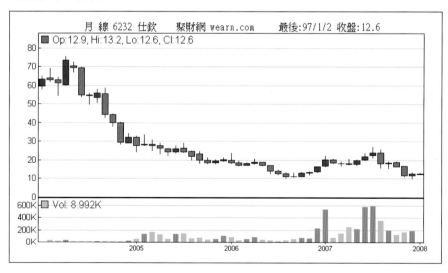

　　凡造神必有愚夫愚婦，凡出貨必有散戶買單。

WHO IS THE NEXT？

多頭市場大賠七成之投資術

　　這些公司是從2005年底實施承銷新制以來，一些新掛牌公司的股價表現。一共用四個表來展現，用新股第一天掛牌的收盤價做投資的成本，假設以第一天收盤價買進，持有十天後用第十一天的收盤價賣出，所得到的損益報酬率，以及持有一個月後用一個月後的收盤價賣出，分別來算算新掛牌公司的短期（10天）與中期（一個月）投資價值到底在哪裡？

　　而假設將資金分成四等份，因爲我要計算將一筆資金單純用在投資新股下，賣出舊部位後將所得價款再投資於下一檔新掛牌股。但由於兩年來新股家數眾多，只能將資金分爲四等份，每十天或每個月一直循環投資新掛牌股，來檢驗新股兩年來的投資價值。

◀大山崎山莊美術館：典藏著莫內的水蓮與安藤的建築，門票才幾百塊日圓，買進沒有保障的新股，代價就不斐了。

表一

	承銷價	掛牌日收盤	十天損益	累計損益	一個月後股價	一個月損益	累計損益
旭 軟	31.00	41.50	-7.23%	-7.23%	32.80	-20.96%	-20.96%
益 通	218.00	871.00	22.27%	13.43%	870.00	-0.11%	-21.05%
南 電	250.00	360.00	-1.39%	11.86%	330.00	-8.33%	-27.63%
譁 裕	33.00	56.00	-4.11%	7.26%	52.50	-6.25%	-32.16%
尚 立	18.00	22.00	-25.91%	-20.53%	18.00	-18.18%	-44.49%
有 益	10.50	15.95	-18.81%	-35.47%	13.05	-18.18%	-54.58%
晶 睿	58.00	69.50	9.64%	-29.25%	100.00	43.88%	-34.65%
錦 明	42.00	56.00	-6.25%	-33.68%	51.00	-8.93%	-40.49%
宣 昶	38.00	47.00	11.28%	-26.20%	56.20	19.57%	-28.84%
力 致	55.00	140.00	-3.21%	-28.57%	135.00	-3.57%	-31.38%
志 豐	28.00	43.60	-11.70%	-36.92%	38.00	-12.84%	-40.19%
新 漢	35.00	99.00	-13.94%	-45.72%	95.70	-3.33%	-42.19%
訊 聯	26.00	190.00	-49.58%	-72.63%	103.00	-45.79%	-68.66%
尼克森	110.00	186.00	-11.56%	-75.79%	177.00	-4.84%	-70.18%
笙 寶	48.00	52.00	-2.88%	-76.49%	57.10	9.81%	-67.25%
單 井	42.00	44.00	6.14%	-75.05%	37.35	-15.11%	-72.20%
聚 積	180.00	353.00	-12.75%	-78.23%	247.50	-29.89%	-80.51%
台 翰	56.00	65.80	-14.74%	-81.44%	56.00	-14.89%	-83.41%
迎 輝	140.00	140.00	-6.79%	-82.70%			

　　這個部位可以看出，每十天買一檔當天上市的新股與每個月買進新股，兩年下來的循環績效爲負82.7%與負83.41%。

表二

	承銷價	掛牌日收盤	十天損益	累計損益	一個月後股價	一個月損益	累計損益
典　範		23.05	-19.31%	-19.31%	19.00	-17.57%	-17.57%
友　信	15.0	16.90	-1.78%	-20.74%	16.75	-0.89%	-18.30%
聯　鈞	26.5	43.80	-8.22%	-27.25%	36.10	-17.58%	-32.66%
致　振	90.0	103.00	-23.50%	-44.34%	75.00	-27.18%	-50.97%
泰　谷	23.0	64.50	-13.80%	-52.02%	46.00	-28.68%	-65.03%
鈊　象	120.0	172.00	-9.30%	-56.49%	153.50	-10.76%	-68.79%
華　東	14.0	17.80	-2.25%	-57.47%	17.10	-3.93%	-70.02%
佑　華	15.0	27.00	-3.70%	-59.04%	31.30	15.93%	-65.25%
奈　普	28.0	31.90	18.50%	-51.46%	34.20	7.21%	-62.74%
漢　科	28.0	47.00	-10.64%	-56.63%	45.80	-2.55%	-63.69%
英　濟	52.0	61.50	0.33%	-56.49%	73.80	20.00%	-56.43%
加 百 裕	45.0	95.10	-0.32%	-56.62%	98.00	3.05%	-55.10%
大甲永和	26.0	51.00	-20.78%	-65.64%	41.10	-19.41%	-63.82%
陽　程	70.0	85.10	-10.46%	-69.23%	83.20	-2.23%	-64.62%
信　昌	40.0	96.00	-2.50%	-70.00%	116.00	20.83%	-57.26%
宏　森	40.0	53.00	19.81%	-64.06%	45.90	-13.40%	-62.98%
無　敵	75.0	80.00	-26.63%	-73.63%	62.80	-21.50%	-70.94%
華　擎	260.0	271.00	-26.75%	-80.68%			
橋　椿	55.0	53.50	-11.96%	-82.99%			

　　這個部位可以看出，每十天買一檔當天上市的新股與每個月買進新股，兩年下來的循環績效為負82.99%與負70.94%。

表三

	承銷價	掛牌日收盤	十天損益	累計損益	一個月後股價	一個月損益	累計損益
台嘉碩		49.0	3.67%	3.67%	51.10	4.29%	4.29%
崴 強	42	61.5	-21.79%	-18.92%	48.10	-21.79%	-18.44%
朋 程	80	156.0	-3.85%	-22.03%	141.00	-9.62%	-26.28%
加 高	23	32.4	-19.14%	-36.95%	26.45	-18.36%	-39.82%
高力熱	13	17.5	-12.57%	-44.88%	15.15	-13.43%	-47.90%
類比科	195	270.0	44.44%	-20.38%	321.50	19.07%	-37.96%
昇 銳	18	31.0	-16.61%	-33.61%	26.00	-16.13%	-47.97%
鑫永銓	35	43.0	6.98%	-28.98%	46.40	7.91%	-43.85%
環 天	66	138.0	-19.20%	-42.61%	114.50	-17.03%	-53.41%
創 意	40	51.9	29.09%	-25.92%	66.60	28.32%	-40.22%
信 錦	128	185.0	-2.16%	-27.52%	169.00	-8.65%	-45.39%
九 暘	42	69.0	37.68%	-0.21%	120.00	73.91%	-5.03%
旭 耀	33	133.0	-3.01%	-3.21%	136.50	2.63%	-2.53%
聯 傑	58	140.5	-38.51%	-40.48%	92.60	-34.09%	-35.76%
維 熹	82	80.0	-0.88%	-41.00%	73.50	-8.13%	-40.98%
普 格	38	49.8	15.46%	-31.88%	53.60	7.63%	-36.47%
位 速	78	130.0	18.08%	-19.56%	154.00	18.46%	-24.75%
凡 甲	66	104.0	-22.12%	-37.35%	83.90	-19.33%	-39.29%
崧 騰	35	45.0	-6.67%	-41.53%			

　　這個部位可以看出，每十天買一檔當天上市的新股與每個月買進新股，兩年下來的循環績效為負41.7%與負39.29%。

表四

	承銷價	掛牌日收盤	十天損益	累計損益	一個月後股價	一個月損益	累計損益
一零四		185.0	20.27%	20.27%	261.00	41.08%	41.08%
鐵 研	18.00	23.7	-2.74%	16.97%	23.20	-2.11%	38.10%
華亞科	33.00	33.0	-9.55%	5.81%	35.50	7.58%	48.57%
原 相	90.00	150.5	7.64%	13.89%	182.00	20.93%	79.66%
斐 成	101.00	132.5	-13.21%	-1.15%	112.50	-15.09%	52.54%
唐 榮	13.52	20.0	-19.75%	-20.67%	16.05	-19.75%	22.42%
長 天	35.00	48.8	13.73%	-9.78%	69.10	41.60%	73.34%
東 捷	73.00	84.3	-7.95%	-16.95%	73.00	-13.40%	50.10%
群 創	41.00	54.8	7.85%	-10.44%	55.60	1.46%	52.30%
利 勤	12.00	12.8	11.72%	0.06%	13.00	1.56%	54.68%
揚明光	50.00	80.0	-13.75%	-13.70%	66.40	-17.00%	28.38%
岱 陵	42.00	115.0	-19.13%	-30.21%	93.90	-18.35%	4.83%
能 緹	36.00	120.0	-23.08%	-46.32%	96.00	-20.00%	-16.14%
鴻 翊	80.00	90.5	-11.49%	-52.49%	69.10	-23.65%	-35.97%
融 程	95.00	106.0	0.00%	-52.49%	126.50	19.34%	-23.59%
振 維	26.00	30.0	-9.33%	-56.92%	27.90	-7.00%	-28.94%
昱 晶	221.00	397.0	-23.30%	-66.96%	244.50	-38.41%	-56.23%
同 欣	71.00	86.9	-7.83%	-69.54%			

　　這個部位可以看出，每十天買一檔當天上市的新股與每個月買進新股，兩年下來的循環績效為負69.54%與負56.23%。

這些數據的進一步分析：

1. 兩年下來(2005年12月到2007年11月)，這個十天期的新股基金的績效為負69.19，三十天期操作的基金績效為虧損62.47%，而台股加權指數從05/12到07/11的表現則是從6203點漲到8586點，漲幅為38.4%。如果你是個操作新股者，兩年下來，1000萬只剩300萬；傻傻的去買指數型基金，兩年來，1000萬成長為1384萬，聽信新股廣告商的下場就是財富相差1384／300＝4.6倍。M型社會的原兇之一：不當的投資觀念與心術不正的股票廣告商。

2. 兩年來一共有75檔掛牌之新股，其中買進後十天發生價格下跌的有54檔，機率為72%；而70檔掛牌滿三十天的新股中，有47檔持股買進一個月後會虧損，虧損比率為67%。也就是說，買進新股有七成的機率會發生虧損。

3. 最可怕的數字：近兩年來，所有掛牌滿三個月的53檔新股中，其中有38檔發生從高檔下跌50%以上的慘劇，俗稱腰斬。這表示，如果你相信雜誌對新上市上櫃股的興奮活水吹噓而去買進，長期下來，你有71.6%的機率會發生腰斬的慘劇。大家都知道投資最慘的第十八層地獄就是下市，比下市好一點的第十七層地獄叫做腰斬。

這篇「先認輸再求贏」系列，再再說明了一些上市公司的出貨技倆與一些投資人根深柢固的錯誤觀念，讀起來的確是很灰暗，但是，金融市場的股價遊戲本就是個掠奪的戰場，活下來就是投資人的最大勝利，因為能活下來的股民本來就很稀少，而戰利品通常會在空頭市場結束前發給活下來的投資人。想想看，100萬買4張鴻海與100萬買7張鴻海，後者有沒有獲利呢？

◀九份的落日之美，一點都不比其他地方遜色，淡水、西子灣與九份是台灣三大夕陽美景，這些新股在一掛牌似乎就看到了股價的夕陽。

↓姬路城

參、**美好的旅程**

東瀛旅遊的回味

宇治橋

　　我也去過其他國家，諸如法國、瑞士、奧地利、義大利、澳洲、帛琉、泰國、柬埔寨、馬來西亞、印尼、新加坡、印度、菲律賓、美國等等，獨愛日本旅遊是因為她的親近，或許是受到童年家中長輩對日本的推崇，或許是因為她的距離(四個半小時內可以抵達日本任一國際機場)，或許是因為她的交通便利與治安，或許是喜歡日本那種一絲不苟的態度，也或許是因為日本是距離台灣最近的世界頂尖先進國家；以我的世界先進國家標準，全世界不超過十個，如北歐四國、美

國、德國、英國、瑞士、荷蘭、法國、日本等等。在先進國家，可以恣意的漫遊，可以任性的深入每個角落，可以讓自己充電，可以提醒自己是多麼渺小；而不是到一些比較落後的國家，滿足自身的那種金錢優越感。

我真的不喜歡東京，偏偏就去了九次。東京是個極不協調的都市，你可以在原宿街頭看到所謂的巧克力妹；也可以在池袋駅附近看到標榜三個月不洗澡的「味覺系型男型女」；還可以在成田機場看到三五成群準備要去蘇美島嗑藥、去菲律賓或泰國買春的年輕短大女生，而這些人一、二年後進入高度工業化的社會職場後，清一色幾乎是同一個模樣，木村拓哉的髮型搭配黑色西裝外套，與一台簡易型SONY NB與DoCoMo的3G手機；OL則是抹上淡淡彩

加賀屋（小沈提供）

妝、手提LV或Gucci包包，穿著變化極少的粉色套裝，了不起只比十年前的OL露出更多的乳溝；你很難想像這兩種強烈的對比是同一族群。

東京唯一讓我著迷的是那種有效率的強烈忙碌感，雖然近年去東京只是純旅遊，不過我喜歡東京那種重視時間、重視效率的速度感，這樣的生活速度感是我在台北找不到的。因為台北的生活步調過於鬆散，但是又忙碌，鬆散與忙碌的夾擊，造成台北的不快樂。我從未碰過任何一個日本人跟我約定約會，發生遲到的紀錄；反觀台灣，我幾十年來與人約會從沒遲到，卻經常得忍受別人的遲到，莫非我是台北最閒的大宅男嗎？

日本東京的車站只有兩種人，百米衝刺趕地下鐵的人，與小跑步趕地下鐵的人。每當我鑽進東京極為複雜的地下鐵系統時，經常會覺得自己的生命脈動重新啟動，可能是自己過於悠閒與心靈空虛，挺懷念那種一天做三百筆交易的交易員跳動人生。

許多朋友喜歡問我哪裡是日本最好玩、最美的地方？其實我受台灣幾十年來AV女優風行的次文化毒害很深，通常會脫口回答是電車上美美的OL，或銀座街道上那些讓人流光口水的女人，然後就會想到日本愛情動作片中的那句經典對白：「KIMOJI I NE」，尤其是那個NE音；不過這個喜好，好像是還沒踏進日本就已經喜歡了，夜深人靜時，一堆台灣的「宅男」似乎都會成為哈日族呢。仔細的思索，哪些地方是我的最愛呢？

攤開地圖由北往南掃描，是北海道的網走破冰船嗎？那種撕裂大地的壯闊場面的確讓人動容，尤其是那種冰裂的巨大聲響，但是那是人為的破壞自然，少了寧靜自處的怡然。難道是北海道美瑛、富良野那片仲夏綻放的薰衣草田嗎？紫色是人類文明中最神秘的顏色，我們很難在其他自然現象中，同時有那麼一大片神秘紫色的影像映入眼球，當我

看到一大片的紫色花海時，腦海自然會浮現美麗的吉普賽占星女郎拿著一個紫色水晶球，不過富良野的那一大片薰衣草田只是種來吸引觀光客，你若知道太多真相就會失去那股無名的神秘感了。難道是小樽的運河嗎？小樽的四季都有不同的美，美到讓你流下浪漫的眼淚，有人常說看著小樽冬夜的昏暗雪景，向心愛的人求婚將會無往不利，話是如此沒錯，不過會陪你到小樽或是布拉格、巴黎這種浪漫到不行的地方的情人，不也正等著你向他求婚嗎？小樽浪漫的眼淚似乎無法與自己生命的激動相關聯，應該不會是最美的地方，她太煽情了。

　　青森奧入瀨溪畔滿山滿谷的楓紅，染遍了一幅紅色火焰的山光水色，日本秘境的狩楓捕捉到秋色景觀的變化，一股莫名滄涼的愁緒凝結在冷冷的空氣裡，可是，我不太喜愛這種淡淡的悲悵憂愁，這不是我的style，這似乎也不是我的最愛。難道是秋意的古都－京都嗎？尤其是洛東永觀堂與哲學之道滿地的落紅，引用我寫的一本無法出版的

伊豆高原坐漁莊溫泉之清晨風呂

小說對白：「綺麗的顏色正在轉換著，我在古都的楓葉下等你，祈禱在最後一片葉子落下之前，與你相遇。」，京都的楓紅太過夢幻了，夢幻到讓人離開的剎那，會有股失戀的酸澀，我不識那股失落苦澀的少年愁滋味，所以京都似乎不是我的最愛。難道是山形的銀山溫泉嗎？苦命阿信的故鄉，罕見的溫泉河流、寧靜小巧的舊礦坑有如染了銀白的金瓜石，山形曾經是我的小孩初次與雪接觸的地方，所以對銀山的印象除了秘境外又添增了一點童心。而這裡也是讓我開始沉迷於溫泉的罪惡深淵，以至於近年來過度的旅遊開銷，單就這股揮霍的罪惡感，就該將銀山溫泉從我的日本最愛名單內剔除。

　　輕井澤要不是舊地重遊過，或許真的會讓我將她列入我的最愛。有時候記憶中美麗的地方，不要輕易地去嘗試重遊，如同初戀的情人，昔日青澀酸甜苦辣、百味雜陳的豐富記憶，悄悄封藏起來反而更美，無端重逢往往會破壞心中那份年代久遠的朦朧美呢。那是日光嗎？日光可說是集日本所有獨特美學於一身的完美旅地，有媲美京都寺廟的佛教殿堂，有媲美上高地的自然寶地，有媲美草津的豐湧泉源，有高山湖泊、有冰瀑、有秋楓，也可讓你躲避關東酷熱的盛暑，她的缺點就是太完美，完美到來到這裡就可以體驗全部的日本文化風

情，完美到讓人有些虛幻的迷惘，就好像當妳看到一個百分之百的Mr. right時，你反而會感到不真實。日光一切的美的確是真實的，只不過夢幻的國度體現不出心情的喜悲，我還是寧願相信有更好的地方。

既然連日光都不是了，那其他如奈良的古街、合掌村的童話仙境、有馬的古泉、最上川的船屋、湯布院的細膩、神戶的夜景等等，好像也挑不出哪裡才是日本第一。

最美的旅程與最美的地方，經常要伴隨著更美的記憶與五味雜陳的心靈悸動，旅人與自己的內心對話更能烘托出旅程的趣味；有時候只是在秋葉原挑出一張長瀨愛的最新光碟，甚至只是在鄉間的慢車上看到一群聒噪穿著泡泡襪的女學生，或者在露天的野泉中看到幾隻野猴，都能建構出滿足的旅行元素。

日本最美的是什麼？在還沒找到比女優光碟更恰當的答案之前，我還會繼續去尋找。哎！耳中又傳來那句「KIMOJI I NE」，中年怪叔叔症候群老是無法痊癒。

東京大學物語

　　一個人能年輕幾次呢？很俗套地這樣問你，否則改成這樣的提問，當你年輕時有沒有認真的付出而獲得一輩子的感動，而這些感動能讓你回味無窮呢？

　　七、八年前，我曾經看過一部收視率與口碑極差的日劇「東京大學物語」，這齣戲改編自十八禁的漫畫，戲中演村上的稻垣吾郎、演朝倉的竹野內豐、演佐野的袴田吉彥還有瀨戶潮香等一麻袋後來走紅的偶像，在當時可都是剛出道的生澀菜鳥。場景是北海道函館的中學，向陽高校三年級的直樹(稻垣吾郎)是個常常名列前茅、唯一目標是東京大學的優等生，每次收到女孩子寄來的情書連看都不看，只知埋首書堆中；有一天同學佐野帶他到網球場看比賽，因此對比賽中的遙(瀨戶朝香)一見鍾情。稻垣吾郎這個以東京大學為目標的書呆子，就因愛情而拋棄課本，加上同學佐野，譜出一段中學生幼稚但令人玩味的三角戀情。

　　我會看這齣戲不是因為想看偶像，而是觸動了自己年輕歲月的共鳴。我高三的時候拼聯考拼得很認真，而我也不否認，否則就跟一些「北一女－台大－長春藤」那種天之驕女一樣令人討厭。以前常有一些台大女生臭屁的說：「哎呀！我高中時候都沒在唸書，整天都在搞社團與看張愛玲的書」，這些台大女學生真是不知人間險惡，講這種話只被人公幹三字經算她三生有幸了。

↑京都御苑

　　我高三的時候曾經讀書讀到連續兩個月除了吃喝拉撒睡外,從未離開書桌。我還清楚的記得當時與一位高中同學執行一項所謂的「痔瘡計畫」,兩個人跑到他家位於澄清湖畔的別墅,閉關苦讀兩個月,三餐都是向鳥松的一家自助餐廳訂,兩個月的便當錢一次付清,請餐廳依照三餐時間將便當送到門口。如此閉關苦讀了兩個月,一步都沒離開那間房子,一副「不得痔瘡不離開書桌」的雄心壯志,直到聯考前兩天才出關,當離開那間房子時真是恍如隔世。

　　就是這樣拼命的唸,結局當然皆大歡喜,我考上台大,而那位同學也考上大學(當年的錄取率只有15%呢!)。放榜後一個星期到台北來玩,順路到公館的台大門口與校園逛逛,一下車看到校園門口的傅

鐘，我掉下了眼淚，我這輩子掉眼淚才兩次，一次是外婆過世、另一次就是第一次看到傅鐘。一年多的拼鬥有了豐碩的回報，所以我看那齣東京大學物語時才會有那麼深的共鳴。

　　06年8月我又到東京，這次我不到奢華的表參道、不到熱鬧的新宿、也不到那種人造浪漫的台場，更不想到人潮擁擠的吉祥寺，我選擇在仲夏的上午跑到東京大學。看著那些斑駁的百年校舍，以及一些與台大風格相同的老哥德式建築，聽聽與母校相同的夏天蟬鳴，還有一些急急忙忙趕課的學生，像極了二十年前的自己。東京大學大門口進去就是有名的「銀杏大道」，有如椰林大道，不過台大的椰林大道比銀杏大道寬敞筆直；直走到底大約兩百公尺就是相當有名的「安田講堂」，安田講堂是座基底為半圓形的建築，一直被視為東京大學的象徵，也見證過東大一些可歌可泣的歷史。

　　「安田講堂」不只見證過歷史，它本身就是歷史。六〇年代是個動盪的時代，披頭四音樂、嬉皮風潮席捲全球，越戰、反戰運動相互激盪，中國發生文化大革命，在日本，也是學生運動最激烈的時期。就在1968年，東大學生佔領安田講堂，引領出一段影響日本未來二十

年的左派學生運動思潮，也才有後來1970年三島由紀夫衝進日本自衛隊營區挾持司令官而後以死諫的悲劇。

看著安田講堂，想起1980年代剛進去台大時，一群學長以絕食靜坐的方式在傅鐘面前表達訴求，緩緩的跟兒子說明這兩段歷史，正當自己沉浸於三島由紀夫與自己的過往回憶時，只聽見兒子吵著要去喝Starbucks的冰奶昔，覺得那些過往衝撞權威的年少輕狂，都已被美式資本主義給徹底打敗了；我猜想即便是現在中國一些幹過紅衛兵的老爸，恐怕也是得帶著兒女上麥當勞、逛迪士尼，歷史的演進過程不也是如此；對著老婆說台大與東大的關係與種種沿革，老婆也只是淡淡的回答我：「池袋東武與銀座和光，哪一家買得到藍標BURBERRY？」

那天下午，我墜入了年少輕狂與歷史深淵的漩渦，而老婆小孩大概是度過八天行程中最枯燥的一個上午；這，不是旅行，而是一道永遠無法跨越的父子代溝。

山代溫泉清晨．小沈提供

我被仙台關東煮
給「萌」了

我被仙台關東煮給「萌」了

　　06年曾經去了一趟仙台，會去仙台的原因只有一個：「東北新幹線」。從小就是個火車迷的我，看到東北新幹線那超過三百的時速與上下兩層車廂，就有如明牌之於散戶，一開始就「萌」了。誰能告訴我，到了一個旅行的目的地必做的幾件事：一是找個地標，最好有標地名的牌樓、招牌、石碑或題字的地方拍照，滿足旅行的第一個目的：「到此一遊」。這讓我想起高中時期到六龜烤肉時，總要在荖濃溪畔刻個「＊＊中學某某到此一遊！」之類的文字儀式。

　　第二件事大概許多人也猜得出來，「吃」！套用一個知名廣告詞：「台灣人現仔時剩一張嘴，這也要吃！這也要喝！……」，當然，到一個陌生的地方終究要嘗試一下當地人的日常食物或當地特殊的名產(名酒也算)。一走進仙台車站對面的廣瀨通大街上，三步一攤、五步一店的牛舌燒烤店，連我國小一年級的幼兒都很快明白了牛舌是仙台的名產，而烤牛舌所搭配的解渴湯品，最棒的當然是關東煮的湯頭，於是一家人就任意地找了一家在廣瀨通內的地下室牛舌燒烤屋。

　　您有被食物的味道感動過嗎？別以為「天下第一味」那種灑狗血連續劇是紅假的，套句陳昭榮所飾演的聖傑每集都會掛在嘴上的名言：「感動人的美味」。不過，感動人的通常不只有美味本身，真正的美味元素在於「回憶」；每個世間饕客窮極一生所追尋的美味，不過就是再次複製與尋覓「阿媽的味噌湯」、「國中校門口的水煎

↑淡路島Hotel Westin大廳的花造型椅子

包」、「故鄉菜市場的那碗四神湯」罷了；在仙台燒烤店，我喝到了一鍋完全複製兒時記憶的關東煮湯頭。

我高中三年級的歲月與多數人一樣，每天被聯考與書本壓得透不過氣，低升學率與自我期許之下，雖知考上台大是我這個工人小孩唯一出人頭地的路，但是為了排解那股排山倒海的無形壓力，我每天傍晚到家裡附近的澄清湖跑步，從現在長庚醫院附近沿著湖畔跑到後門，後門門口的湖畔當時有個黑輪攤，裡面的黑輪、丸子、蘿蔔陪我度過了苦悶與青澀的高三生活。幾年後林強的一首

收盤後的
人生

「黑輪伯」會大紅特紅不是沒道理的：

「基隆港邊的鐵路下，有一個下港來的老阿伯。他細漢甘苦嘛真壞過，推車出外在賣黑輪。常常也苦勸這位少年仔，有閒書就愛淡薄啊讀一下，……目睭一眨少年仔已經五十歲，坐在忠孝東路的黑頭仔車裡底，他說司機啊！請你路邊稍停一下，我若像看到彼個黑輪仔伯啊！」這首歌完全觸動了所有的感動元素：基隆港邊與下港、黑輪伯、讀冊（書）；仙台的那家關東煮湯頭竟然和二十年前下港大貝湖邊的黑輪湯相同，是我的錯覺？還是兩者真的有什麼關聯呢？我被仙台那家關東煮完全「萌」了。

所謂的「萌」(moe)本來應該寫做日文同音的「燃」，指的是看到令人覺得極度可愛之人、事、物的心理狀態。它其實是輸入電腦時發生的文字更換錯誤，據說這個詞語原本來自較為常用的「燃」(燃燒)，由於日文電腦輸入平假名時會智慧判斷漢字，而「萌」排序在前面，才變成現在的寫法。這個字後來受到廣大動漫愛好者的歡迎，嶄新的字義遂在廣大的次文化階層傳播開來，變成進入那個世界的通行證(引用吳岱穎君發表在自由時報副刊之「萌之一族」文中之部份段落)。

令人難以理解的是，「萌」這個字還包含著某種曖昧的春情，一種戀物者的詭異癖好。糟糕，我也開始宅化了嗎？總幹事我若還不夠「宅」，那台灣也沒有多少宅男(或者改成宅歐吉桑)了，或許可以稱我為部落格「宅王」(不服氣？我每天有幾萬個讀者人氣，我說自己是

▲仙台瑞巖寺

宅王就是宅王，不然放海綿寶寶來咬我阿！)。萌本來是指草木初生之芽，後來日本御宅族和其他的動漫喜好者用這個詞來形容極端喜好的事物，但是通常都是對女性(尤其是動漫的)而言，因此，萌え現在也可以用來形容可愛的女生。

明牌與女人都是難以預期、捉摸不定、神秘莫測且無法計算。夢寐以求她、祈禱膜拜她、望穿秋水之，不來就是不來；等一檔大師明牌比等一個女人還難，引頸期盼、坐立難安，抽口煙喝杯茶後似乎有點她的影子來臨，但還沒抓牢她又跑走了，只能周而復始地再抽口煙喝口茶癡癡地等她，終至身心交瘁，乾脆熄燈就寢；有人不願受此煎熬，橫豎雙手一攤付出白花花銀子「買」現成的，但是「買的」終究是「買的」，王老五與散戶總不能買一輩子唄。好不容易數日後不再去想她時，明牌卻又搔首弄姿地突然在你面前出現，久而久之，我終

於想到大詩人洛夫對詩的態度：「捕獲詩就好像捕獲女人一樣，最有效的武器就是遺忘。」明牌亦同。

蜜蜂說：「好了！讓我開始釀蜜吧。」
大禹說：「好了！讓我開始治水吧。」
樁腳說：「好了！讓我開始買票吧。」
詩人說：「好了！讓我開始作詩吧。」
大師說：「好了！讓我開始出貨吧。」
我說：「好了！讓我開始旅行吧。」

拍夕陽的難度很高，特別是北半球溫帶地方的秋冬季節，除了很容易被雲層擋掉之外，冷颼颼的秋冬北風更是考驗著攝影者的耐心。就在快要放棄等待夕陽的當下，太陽竟然從厚厚的雲層中露出了短暫的剎那，讓傍晚的我隔著明石大橋，透過夕陽遙望令我咀嚼再三的淡路島。在舞子的明石大橋下，我再度深刻地學到「等待」，將這兩個字裝到收穫滿滿的行囊中，帶回台北股市內慢慢咀嚼反芻。

宇治物語

↑宇治所生產的玉露及抹茶品質不但是在水準之上，更是日本第一。因此京都極具代
表性的冰品「宇治金時」，就是取宇治二字來代表抹茶。四年兩度造訪這家伊藤
久右衛門，茶香依舊，多空卻將易位。

　　兒子慢慢的長大，那些塵封已久、不堪回首的聯考(現在稱為大考
與基測)新聞又與我愈來愈接近，那些過往歷歷在目，好像快要「不只
是回憶」，幾年後就換我陪兒子去考試了。正因如此，我注意到大考
的作文題目：「夏天最大的享受」，的確比起二十幾年前的「如何復
興中華文化」幸福太多了。

　　許多考生用吃冰來發揮，夏天吃上各式各樣的大碗冰品真是「興奮活水」，每日吃上一碗滿滿芒果冰的喜悅，不輸大師給你的「她的老闆比阿信還刻苦，股本比雲彩輕柔」的聚焦明牌。刨上一碗尖塔式的紅豆牛奶冰，在36度炎夏高溫提味之下，有如與「敬畏崇拜」的啓示大師做了一場修練。美中不足的是，炎夏的冰品與大師明牌一樣，都十分容易腐壞，即便全程低溫保存或眾聲喧嘩，「賞味期」也很難超過二十四小時吧！

　　日本人稱紅豆牛奶冰為宇治金時，而日本人又加了抹茶醬讓整碗冰看起來有股初春脆綠的清爽口感，相當多的朋友可能曾經在輕井澤、京都或萬惡的東京百貨公司美食街，啜上一碗碗豐富的宇治金時冰，那種感覺似乎連「清肝解毒」、「強精固本」的形容詞都可以用得上；但大多數人恐怕不曉得「宇治」是一個小地方的地名，更別提她還是個偉大文學作品的主要場景了！京都與奈良是兩大日本文化古都，貫穿這兩個大景點間的火車線路是JR奈良線，宇治站剛好是中間一個不起眼的小站，我翻遍了台灣大小旅行團的行程，很少看過有宇治的景點安排，我之所以遊歷她，可是跟夏天有著不可分的因緣呢！

夏日京都最出名的不是「清水寺」、不是「豆腐料理」、更非那種讓人昏昏欲睡的品茶禪道，而是…熱…熱…熱！有一年的夏天，京都創下36度的高溫，當時我們一家人中午從京都搭JR去奈良，把玩著時刻表看著中途一站一站的站名，忽然有如笨散戶窺見大師明牌般的瞥見「宇治」這一個站名。全家在空調不順的地方線小火車內，看到宇治二字就有如「水深火熱的大陸同胞」看到起義來歸的一千兩黃金一樣；在36度的京都蒸籠內看到

宇治川旁的落葉

「宇治」二字，其誘惑的程度好比苦海中的小散戶遇到大師的明燈，激動握拳訴說著他與「吃泡麵之刻苦CEO」的惺惺相惜。於是我們全家就在宇治站下車，準備大快朵頤去也。

傳頌千年的日本宮廷小說《源氏物語》全本共54帖(章回的意思)，最後十帖的場景拉到宇治，從此有宇治十帖的雅稱，故事中的癡癲愛戀便是圍繞著宇治這個小城。主角光源氏之妻與人私通生下宇治十帖的男主角「薰」，宇治十帖故事就放在「薰」與三名美麗女子在宇治發生的淒美愛情，並以「薰」和光源氏的外孫香親王為主角。薰和香親王分別愛上宇治八親王(源氏的異母弟)的兩個女兒－大君和中君，香親王在薰的幫助之下順利和中君結縭，但薰卻因大君病逝，二人始終不能結合。後來薰聽聞八親王另有一私生女浮舟，相貌酷似大君，便把浮舟金屋藏嬌在宇治。此事後來讓和薰反目的香親王知道，

↑源氏物語博物館

便前去宇治勾引浮舟。浮舟夾在薫和香親王之間不知如何取捨，逼不得已之下打算投宇治川自盡，卻被人救起，大難不死，她因此決定此生不再和男性有任何瓜葛，最後出家為尼，了斷塵緣。

「世間奇戀盡是千影跳空激情，酒一盅，一醉不堪解憂愁；
夢幻中抹去空頭，是柔情是迷惘，怎知醒來之宿醉苦；
人生不過漲跌瞬間，千載百年。雲歸天際，月隱林梢。
只是不知風往哪裏吹？是長紅？是崩壞？是缺口？
是宇治的散落抑或是金時的鄉愁？」

——宇治吃冰有感之詩

我沒看完《源氏物語》，孤陋寡聞的我也是當年到宇治中途下車吃冰後，才曉得這本號稱「日本紅樓夢」的曠世鉅作，但是坦白說，紅樓夢比較好看，而宇治金時比較好吃，中日文化之PK戰一勝一敗。

↑宇治川的「浮丹」

↑宇治金時冰

我唯一在意的是,兩個兒子還記不記得當年的那一碗冰呢?

↑宇治川旁長椅

旅程中我常看到這樣的椅子,但往往都無暇坐下來徹底休憩,而留下許多未盡之憾,不過這不就是人生嗎?請別忽略了「停下來」、「坐下來」、「靜下來」。

一個中年宅男的姬路告白

給妻子：

從結婚後就不曾再寫信給妳，今晚突然好想提筆告訴妳，妳這位暫時請假離開幾天的丈夫，走了一趟姬路後，心裡頭浮出來的一些話。

姬路，我再也找不出全日本比她更美麗的地名了，單獨來日本旅行的第二晚，就被「姬路」這兩個字給逼出對妳的想念，今天因為從清晨到中午，我一直停留在那座令我震撼不已的直島，以至於回到姬路的時間已經是下午三點，才匆忙地趕到安藤大師的另一個作品「姬路文學館」。與直島的建築物不一樣的是，「姬路文學館」位於傳統住宅區內，安藤忠雄可以揮灑的空間就顯然比直島與淡路島有限。我還沒造訪前一直認為，一座清水混凝土的建築物聳立在日本傳統鄉鎮兩層樓的住宅群中，恐怕會像頭怪獸般地與鄰居格格不入，不過，這些是多慮了，「姬路文學館」自然的出現在尋常街坊，她沒有醒目誇張的招牌，與台灣一些博物館上題了一堆政治人物的字有很大的不同。妳一定想像不到，文學館四周沒有大馬路，都是一條條連兩部汽車無法會車而過的小巷道，自然不會有那些令我感到煞風景的旅行進香團遊覽車，安藤大師作品的第一要素：「請花時間走進來」。

妳深知這兩年來，我一直著迷於安藤忠雄的所有事物，還被妳嘲弄是四十歲大男人追星族，偶而我會回嘴安藤可不比那些明星，他是位自學自修的亞洲建築與藝術的天才，我醉心於其作品中的線條、光影、水，與幾何式廊道；好吧！我坦承的確有點像追星一族，當上一本書

↑姬路文學館

↑姬路文學館

《交易員的靈魂》進入美編階段時，我就吵著要來日本直島拍那些絕對不貼瓷磚、不施木作與不上漆的清水混凝牆當新書封面，安藤的自信精神是我多年來一直追求的目標，而這種自信不也正是我當初吸引妳的唯一理由嗎？只不過近來這股自信漸漸從我的靈魂中淡出，也謝謝妳讓我藉由這趟追星之旅去尋覓自己快要消逝不見的自信風采。

既然來到這裡，當然要找些資料，恰好姬路文學館有印中文解說，我等不及帶回家與妳分享，就當個文抄工將簡介打出來，與照片一起先寄給妳看。「姬路文學館的收藏、研究、展示，是為了紀念幾位在姬路地區出身的文人與哲學家，包括了和辻哲郎(1889－1960，哲學、倫理學家)、椎名麟三(1911－1973，作家)、三上參次(1865－1939，歷史學者)、井上通泰(1866－1941，詩歌作家)、有本芳水(1886－1976，詩人)、阿部知二(1903－1973，作家)，岸上大作

(1939－1960，詩歌作家)等人。姬路文學館位於姬路城西方，座落在傳統和現代住宅並置的社區山坡，於1991年姬路市百週年紀念時開館，1996年南館開館，並設有司馬遼太郎紀念室，南北兩館以層層水道、斜坡相連。北館西側塑造大正時期的木造傳統建築「望景亭」，茂盛的園景和水域連接文學館建築的幾何方體、圓體、長方體，整體融合成文學、哲學意味濃厚的環境，從屋頂眺望姬路城、姬路市，城市的人們將能從當地文學家、哲學家的對話中，傳承城市的歷史、文化精神！安藤以自己的建築語言與青年時期神交的思想家對話，應是身為建築家的一大幸福。2001年安藤完成了大阪司馬遼太郎紀念館，2002年則在石川縣打造了紀念西田幾多郎(日本近代先驅哲學家)的西田哲學館。至於姬路文學館，則成為建築家與思想家、文學家、美術家對話的開端。」

　　姬路市在二戰期間被無情的轟炸，幾乎被炸成了廢墟，當這裡的人們在絕望的火焰與煙霧中，看到了仍然完好、屹立不搖的姬路城時，整個城市生存下來的人在當天都流下了「堅持」的眼淚。這個景色是我在某一本小說裡看到的，到了傍晚我一路走到姬路城，當我站在護城河畔，姬路城從金黃色夕陽逆光下映入眼簾時，我突然看懂了那本二十年前看過的小說。

今天為了與時間賽跑，從直島回岡山要轉新幹線到姬路時，我提著行李從local line的B1狂奔到二樓的新幹線月台，幾乎用跑百米衝刺的速度，在車廂關門前十秒鐘即時搭上往姬路的山陽新幹線，而就在剛剛兩個小時前，我又爬上了起碼16、7層樓高的姬路城，現在的我像條老狗般累癱在回程的新幹線的椅子上，想對妳說的是：「我不再年輕了。」這是這趟姬路旅程當中，最大的自省與收穫。

寫於JR山陽本線普通列車上

↑最後，我恨不得趕快send一張在姬路城門口拍到的老夫妻相扶持的照片給妳看，這張照片是我今年學攝影以來，拍得最美的一張作品。

日光、投資、回憶錄

每到秋天，就會開始動念冬天的賞雪旅遊計劃，腦海記憶深處每次必定會不自覺地浮出兩個字：「日光」。首次去日光的唯一理由就是渡邊淳一的「失樂園」，尤其是飾演松田凜子的黑木瞳，幾套剪裁簡單的衣服與薰衣草色的和服，真是漂亮到了極點。黑木瞳在後來主演的「真愛時刻」與「東京鐵塔」戲中，美麗成熟與演技雖說日益精進，但是腦海中的黑木瞳，還是那位演活松田凜子的角色，戲中的一些景點就成為自己的東瀛旅遊聖地如伊豆、輕井澤等。

你的日光、我的日光與渡邊淳一的日光有多少異同？先來看失樂園的日光：

渡邊淳一日光解盤：「偶爾想逃到無人的地方去。」

評：

日光的旺季是春夏與秋楓，冬天的日光因為周遭沒有較大型的滑雪場，故人氣比不上輕井澤、越後湯澤，日光說穿了並沒有真正的溫泉，所以冬天的遊客比起草津、箱根要稀疏許多，尤其是日光山上的中禪寺湖到奧日光這一帶，真的是沒有多少遊客。

日本自由行盤前分析：

到北國旅行，想要避開人潮的觀盤指標，只要攤開台灣、香港與上海的旅行社招團廣告，只要「日光」這兩字沒有出現在廣告上面，

▲湖山亭房間

▲內將的早餐

就請你放心的去，保證不會碰到大量遊客。投資與旅遊真有異曲同工之妙，你越不想跟隨人群，到最後就會出現在人群中，全世界流著華人血液的個性只有兩個詞：「一窩蜂」與「蜂一窩」。

渡邊淳一日光解盤：「白雪滿山中靜寂的碧湖景致，現在這個季節幾乎沒有觀光客。」

評：

第一次去日光是2003年夏天，SARS剛結束、失樂園剛讀完、債券大多頭剛結束、台灣的股市空頭也剛結束(5000點)。一樣在中禪寺湖旁邊，美麗的松田凜子映照著斜陽而熠熠生輝，平頭大肚男、曾在香港被誤認成黎智英的我，拿著漫遊的手機對著一千四百哩以外的營業員喊著：「買進買進」，中禪寺旁的幾隻野猴似乎靠過來想偷聽我的明牌。

收盤後的人生

渡邊淳一的解盤功力:

　　不愧是大師級的,一旦在書上報了「日光」這檔明牌,就開始要說唱俱佳一番,如「我是用生命力在投資」、「你看看!你看看!一支兩支三支四支五支六支,六支漲停,一個禮拜飆出六支漲停」(謎之音:有些投顧老師激動到忘了一週只有五個交易天。)

　　渡邊淳一的日光線型分析:「高高的瀑口垂著無數根冰柱,形成部份積雪、部份透明的巨大冰塊,冰塊內部瀑布還苟延殘喘滴落著水,部份攀過岩石直落百公尺下的潭瀑裡頭。」

評:

　　太美了,不由得學起周星馳主演「食神」裡的讚嘆經典:「太棒了!萬一我以後再也看不到,該怎麼辦?」。文字的魔力加點圖片影音的搭配,凡夫俗子、沙丁魚群無一倖免,通通買進日光。一年半之後,我無視北國的嚴寒,在一個下大雪的天氣裡,興沖沖地跑到日光的山上,一個當時在台灣還沒有知名度的「湯元溫泉」;整個旅館裡幾乎沒有其他遊客,連旅館工作人員都排了好幾個輪休,門口放了雪鞋和雪橇供客人使用。整個早上除了與小孩堆雪人外,望眼看去就是白茫茫,那時的台股也剛遭受博達、訊碟等暴風雪襲擊而顯得奄奄一息,小兒堆起的雪人好比股市,三五結晶的細冰就把雪人給埋在新雪之下。

渡邊淳一的日光目標價：「好驚人！」「染成紅色的雪山漸漸失色，變成只有黑白的單彩世界，整片湖也由蒼碧轉藍，漸漸灰沉，只有妝點湖畔的雪面在暮空下更顯亮白。」

評：

突然間，風雪大了起來，一無遮蔽的巴士站幾乎要給雪埋了，四處望去也沒有其他人出來等車，那剎那有巴士永遠不可能來載我們離開的恐懼。雪片如瀑布一樣倒在我的頭上，失樂園浪漫的另一面：死亡與逃避，彷彿隨著臉上的雪花映在眼前；美麗的事物，有時候讓我們太容易親近它，也低估它，忘了美麗本身常常也是致命的。

投資理財的作家與其他領域的作家不同，文學家、小說家可以描寫死亡恐懼等人性真實存在的要素，導演可以拍出如《色戒》般的「秋決」ending，作曲與歌手可以唱出失戀與不捨的悲愴歌曲，唯獨理財作家天生只有「樂觀」與「看多」的宿命。

我不是笨蛋，所以不看空股市，寫寫風花雪月的非典型投資文章，等待寒冬日光的相遇，在那裡有回憶、有大雪、有孤寂，或許在那時可以和朋友在雪國中體會《明天過後》最後一景－survivor。

渡邊淳一失樂園的日光收盤傳真稿：「旅館女中說：『這種風雪幾年難得一次，最後會員名額，趕快搶進。』」

近江八幡－低調的京都小角落

近江八幡－低調的京都小角落

　　當飛機經過南九州的鹿兒島上空時，機艙內成疊餐盒透過冷氣空調溢出之陳腐氣味，我急著逃避熟練的空姐所遞來的難吃經濟艙飛機餐，此時能吸引我目光的，只有壽岳章子所寫的《千年繁華》中想要傳遞的京都。壽岳章子是三代京都人(她與她的上一代、下一代都住在京都)，比起你我瞭解京都多上千萬倍，曾經在一本攝影的書中看過這樣一段話：「最好的風景攝影作品，往往都是不知名的在地攝影行老闆，因為他們花了一生的時間在被拍的風景上。」

　　對於旅遊，我抱持著相同的態度，與其去翻閱mook或lonely planet，不如去讀本當地人寫的當地生活點滴散文。壽岳章子的《千年繁華》和其二部曲《喜樂京都》，兩本書將近650頁的篇幅，都完全不提觀光客所熟悉的平安神宮、嵐山天龍寺、東西本願寺、三十三間堂、金閣寺、銀閣寺、清水寺、比叡山、二条城、五重塔、哲學之道、北野天滿宮、相國寺等這些觀光客熟稔之五星級世界景點，她只是緩緩地說著京都人吃些什麼食物。壽岳章子以大量文字去描寫掃帚、榻榻米、味噌、布料、拖鞋、菓子，她喜愛閒談京都的味噌店、豆腐店與客人間的互動，卻很少提到觀光客最朗朗上口的「紅葉前線」或哪一所寺廟的御守。

　　故意用一種老京都的世故翻閱著地圖，扭捏的忽略已經神遊了十年的洛東南禪寺、高台寺、知恩院與洛北比叡山，雖然十一月中旬的洛東有一大片細緻的嫣紅，但我寧可選擇一條人煙較稀少的路繼續前進。京都洛東十一月中旬的紅葉稱不上「極究」之境，更淒美的洛東造訪時間是十一月底到十二月初，狩楓開始凋零，遠眺南禪寺變得有動感有生命，更冷峻的秋末鋒面，滿地的落紅飄零在即將枯萎的樹梢與廟宇之間，再來詠嘆「當洛東落下最後一片紅葉時，我將會在南禪寺的水路閣等候與妳重逢！」這種撒狗血似的「浪漫激安」。

收盤後的人生

我用投資學教科書內那些尋找小而美、冷門被低估股票的方法，將京都的地圖東南西北全部掃描一遍，如雄琴溫泉、奈良大和路、寂光院，甚至還想去大津琵琶湖邊觀賞「鳥人大賽」。有限的時間選擇有限的行腳地，與有限的資金選擇有限的投資標的，兩者相同處是很難抉擇，更難重來；相異處是，投資請回歸總體經濟消長、公司營業數字等，而旅行的選擇往往只要一點直覺。正當我陷入是否該吞嚥下飛機餐盒中難咬的牛肉當下，近江八幡這個琵琶湖東岸的小古城就透過胃腸的直覺，映入我的最愛裡頭。

沒錯！就是近江牛！近江牛與米沢牛、松阪牛並稱為日本三

大和牛。和牛與主流類股一樣，無三不成禮，電信三雄、博奕三雄、紡織三劍客、營建F4、面板三強，凡是能打群架的類股與食材，終將成為人類貪婪與飢餓驅使下的追逐主流，這或許與人類的群體心有關吧。

　　近江八幡在距離京都大約20公里的北方角落，我在人潮熙攘的京都車站搭上電車，繁華和喧囂開始被一站一站遺落。十分鐘的光景，穿過幾座長長的隧道，盡頭處車廂裡外的風景皆已悄悄改變。恬淡的鄉間中，開闊的田野裡，一個個淳樸可愛的日式村落呼嘯而過，一片片沼澤水草漸漸連成一氣，很難相信，全日本最大的湖泊－琵琶湖就靜躺JR北陸線的左岸。從京都市中心到大津與近江八幡甚至比到嵐山、嵯峨野還近！優美的琵琶湖區一向被日本人視為京都的宮廷後院；近江八幡則有著保留很完整的古鎮風貌(八幡新町通與八幡堀)，遊客不是很多，當天造訪時，連日本當地遊客都很少，十分的寧靜，或許京都的寺廟吸引了全世界遊客的駐足，近江八幡就被時間有限的觀光客給割捨了。從前去京都會被嘲弄「整天看廟有什麼好玩？」，

現在京都旅行卻已成文化時尚(十年前看三十三間堂會被視為未老先衰,現在洛東的古廟卻是浪漫的代名詞),或許在不久的未來,旅客就會注意到這些角落邊不起眼的小鎮吧?十五年前的峇里島、五年前的吳哥窟,旅人的目光與散戶的行為沒有太多的不同,三年前不起眼的工業電腦類股,卻在07年的多頭璀璨高點之間一躍成為股王,想不到吧!

想不到的還有近江八幡的美,冷僻角落竟然藏著古意盎然的水鄉氣氛。低調小巧的小城有其歷史上的悲劇,近江八幡原是豐臣秀吉的姪子豐臣秀次所建造的居城,豐臣秀吉早年因無子嗣,便立秀次做繼承人,誰知豐臣秀吉卻老來得子,王位的繼承從此轉移,被冠以莫須有罪名的秀次,最後只有走上切腹自殺一途。秀次終其一生都只能算是秀吉的傀儡,近江八幡低調的宿命或許是其來有自。

秋天是植被豐富的季節,在小運河沿著石岸散步,淡季的冷清意外帶來八幡的美。我忍不住更想親近她,來來回回、上上下下的走了一遍又一遍,手上的相機與臉上的雙眼恣意地捕捉大自然的調色盤。美在銀杏與垂楊映在水面的倒影、美在斑駁石板所刻劃的低調悲劇歷史、美在安靜地擺渡在現代與過去的模糊界線。

資訊爆炸的時代,能選擇一條離群索居的旅遊路線是很難得的,比挑到一檔飆股更難呢!楓葉永遠都是不同顏色湊在一起才最好看,楓葉不純然是紅的,就像人生。

等出來的夢舞台

等出來的夢舞台

　　安藤提到獨自旅行去追尋建築留下的歷史痕跡，是他青年時期自學建築的主要途徑之一。安藤曾在六〇年代獨自穿越西伯利亞到達歐洲親訪西方建築，年輕的他熱情專注追尋自己的道路，探索人類文明並堅持嚮往建築之路，從親身旅行觀察、注視、體驗，以身、心、靈全心投入，成就了一位20世紀末、涵融東西文化的建築師，令人有無限的啓發意味。而旅人參訪並感受安藤藉由旅行自學的所構建的作品，會激起什麼樣的火花？

　　想成爲一位不靠鑽營檯面下不當利益的獨立投資人，能不斷地從其他領域的先驅者吸收視野的驚喜，是保持不受任何投資理論框架束縛的最好方法。自從2007年秋天看空台股以來，邀約不斷的演講、電視通告

與雜誌專訪忽然就消失了，於是清閒地安排一趟建築大師安藤忠雄的朝聖之旅，用旅行來記錄歲月的刻痕，用遊歷來沉澱煩瑣的多空雜訊。

收盤後的
人生

　　2007年是個豐收的年代，除了投資的些許報酬外，近年來也漸漸地開始相信「天份」這個令人又愛又恨的要素。周杰倫在歌唱演藝方面有天份加上努力與機運，每一張專輯與每一段期間的周杰倫，都讓人清楚看到他不斷的蛻變與演化，看到他不斷的創新與超越自己；如果沒有那股天份，或許只能成為「一片歌手」。追星族與巨星之間的界線十分清楚，我喜歡聽各式各樣讓人感動的音樂，只不過，自己不會妄想去作詞作曲出版唱片，相信你也不會。

　　漫步在日本建築大師安藤忠雄的作品內，結構的美感讓我讚嘆，空間的擺盪讓我驚奇，建築物與天地的分野讓我再三玩味。身處安藤大師的空間中，我讀到了大師要說的話；透過複雜的建物，大師、大自然與我之間存在著簡單的三角關係。無論從安藤大師的作品中帶著什麼收穫回家，年過中年的我不會想要開始去從事建築或設計，只想從偉大的作品中得到心的休憩、腦的充電與眼的衝擊。

安藤忠雄與周杰倫是不同領域的天才，無庸置疑地，在投資領域上也有許多著作等身的投資天才，只是庸才如你我，為何會想要效尤之？天份無法複製，機運卻可以等待！淡路島就是一個關於「等待」的傳奇。

日本在泡沫經濟的八〇年代末期，決定犧牲淡路島來成就關西新空港，當年就在明石大橋附近挖了約700倍東京巨蛋的土石，填海打造關西空港，而淡路島夢舞台現址的那片土地，就是當年用來填海的關西空港基礎。當關西機場啟用之後，淡路島的山頭只剩一個寸草不生的禿頂，土石被刨光，樹木被砍盡，除了滿足當時「人定勝天」與「經濟大躍進」的可笑想法外，淡路島還有如遭天譴般地在1995年遭逢阪神地震，震央就在淡路島上。命運的巨輪將十年的陰霾面轉向了淡路島，所幸，安藤忠雄的堅持，終於將十多年後的淡路島命運轉盤撥到了希望面，安藤大師最大的堅持在於「等待」。

當年日本政府徵求提案「如何讓淡路島重啟新生」，當地人原本想蓋高爾夫球場，以圖迅速讓禿黃的大地變成綠茵，安藤忠雄卻有更長遠的構思，他認為淡路為關西機場

收盤後的人生

與日本人背了龐大的泡沫原罪，應該要有更好的回報，他要創造淡路成爲一個回歸自然、回歸生活與人本的典範；他要給淡路島一個嶄新的「夢舞台」；他要給淡路夢舞台好多個可以傳誦的故事。

第一件事是種樹。日本政府給安藤三年的工期，他說要追加五年，一共八年，前五年，安藤沒有開始蓋任何他的重建藍圖中的一磚一瓦，更別提建物；前五年，安藤在淡路島上只是不斷地種樹、種樹與種樹，他在「蓋房子」上面沒什麼進度，他只是「等」，等待那樹苗不斷長大。到了第六年，安藤終於開始動工，而且很準時地在動工後三年內完工。他等待著淡路島的面貌「還原」後，才開始起造國際會議廳、WESTIN五星大飯店、植物園、海教堂、水庭、空庭、山迴廊、海迴廊、野外劇場等等。

人爲與自然的重創後，安藤選擇用等待來恢復生機，而你用什麼態度來面對受創的股市與自己的部位呢？

第二件淡路島傳奇是「貝殼的故事」。安藤大師打算在夢舞台水池的池底鋪一百萬個扇貝貝殼(稱爲「貝之濱」)。會有這個設計動機

主因乃日本人經常吃海鮮，扇貝象徵海洋對日本的意義，海中的食材養活了數千年來的日本人，藉由「貝之濱」的人文設計去思考環境與人之間的關連。有趣的是，一開始海鮮供應商無法提供無肉的扇貝殼，因爲一般餐廳與家庭主婦採購扇貝，是連殼帶肉一起購買與烹調之，100萬個扇貝貝殼頓時失去了供貨著落。最後靈機一動透過「網路」(Internet)的管道如BBS等，向全日本的熱心民眾徵求吃剩的貝殼，果然沒多久就收到超過100萬片的扇貝貝殼。工作人員看著排山倒海各地寄來的包裹，他們卻發現，密閉在郵包裡的扇貝貝殼，即使已經去了肉，也一樣「很有味道」；安藤沒想到整個淡路島夢舞台的工作裡，最磨人的部分竟會發生在「除臭」這個環節。

2000年3月18日，以「人與自然的對話」爲主題，「淡路國際花卉博覽會」轟動開幕。爲期半年、30個國家參展、將近100萬人次參觀，收入近65億台幣，並列當年世界三大盛事。「夢舞台」象徵日本高度開發後，編織起回復自然、讓土地休養生息的夢想。如今夢已成真，而逐夢的用心過程，更是值得學習。

安藤用「等待」，將淡路成功新生！

↑➡淡路島

旅遊解盤：

交通：搭JR在舞子站下車走出車站後，左轉往明石大橋上面爬上去，搭電扶梯到六層樓高的明石大橋橋面搭巴士，班次十分密集，下車站名「夢舞台」，一下車就是WESTIN門口。

第一區：國際會議廳、WESTIN五星大飯店、植物園、海教堂、水庭、空庭、山迴郎、海迴郎等。第二區：奇蹟之星植物園(為一大型溫室，外表極不起眼，進去後有視野頓開之感受)、野外劇場。第三區：明石海峽公園。

回程可以在舞子站附近遊憩，明石大橋上方有透明空橋，體會類似美國天空步道的感受，從底部的透明玻璃俯瞰瀨戶內海的風光。

單單夢舞台我就停留了七、八個小時，我猜想她的夜色應該還有許多大師的線索密碼，等待下次造訪再行解碼。

　　種樹是還原大自然基本面的量能基礎，當淡路島遭受天災人禍雙重摧殘下，重建的掌舵者選擇用「改變基本面」這種需要耐心的方式；當你面對兩度萬點前崩塌的台股時，體會一下安藤大師在夢舞台內所要呈現的「敬天」內涵。底部不是藉猜測就可以窺得，更不是用短線攤平或搶短換股就可以脫離底部泥沼，淡路島用五年多的時間去種樹，卻只用不到三年時間就起了高樓，崩跌後的基本面所需要的就是時間的療養，不用猜測也別需摸底，等待從底部區冒出第一株青綠的樹苗後再說吧。

　　安藤忠雄在自己的文章中曾說：「所謂建築，必須把『隨著時間改變而移動的光影、吹過的風所攜帶的味道、響遍建築裡頭的人們交談聲、在周邊漂浮的空氣對肌膚的觸感……』一併考慮進去」；他說：「在未知的可能性與眼睛所看不到的領域裡，才更隱藏著真正的美。」

　　原本只產橘子和柿子的日本淡路，在阪神震災侵襲後，更突顯了這個島的貧窮，如果沒有安藤忠雄的建築，淡路島不會有夢。

　　1994年9月，關西國際空港開港。1995年1月17日，阪神‧淡路大地震。1996年3月，「淡路夢舞台」震災後基本設計完成。1997年7月，「淡路夢舞台」開工。1998年4月，明石海峽大橋通車。1999年12月，「淡路夢舞台」完工。2000年3月，國際園藝、造園博覽會開幕。2007年11月，我終於來到淡路島！

地中的寶石箱－莫內in安藤

地中的寶石箱－莫內in安藤

　　「地中的寶石箱」這個安藤忠雄所設計的建築物，還沒遊歷之前，這個名詞就足足讓我揣測了好多天，「地中」當然容易體會，因為有許多安藤的作品與受安藤風格影響的年輕建築師，都會將建築物蓋到地下，一來還給地平面上一個屬於大自然的空間，二來或許可以降低建築本身的折舊耗損。看了許多安藤風之建築後，加上這個「大山崎山莊」的「地中的寶石箱」後，外行的我竟也悟出了屬於自己的安藤體驗：「一樓屬於樹木花草與小動物，二樓以上還給天空與飛禽」。好的建築物根本不會塞滿東西，更不會急著想要傳達意念，在

造訪的過程中，我也想起了股市盤中的種種，但是，我決定「盤中留給思緒、盤後留給家庭、盤前就留點空間給這些大師吧」！幾年後的某個秋天清晨，沒有人會記得清楚1800天前的盤中產生了哪些轉折？跳空了什麼缺口？友達到底有沒有創新高？

然而，「地中的寶石箱」卻給了我好久未曾有的滿足，心靈的空頭獲得藝術大師加持後的利多，看過以後，我，打底成功。

「地中的寶石箱」在「大山崎山莊美術館」內，而「大山崎山莊美術館」座落於大阪府與京都府之間的山崎小火車站後山的山頭中。由於要等待美術館的接送bus，我在

↑JR山崎站

↑山崎的離宮八幡

↑大山崎山莊美術館

這個山崎小鎮逛了一個鐘頭，日本的美在於「靜」、「孤」與「枯」的氣氛，熱鬧的東京、觀光的京都、忙碌的大阪與那些美到不行的知床、日光、信州等，都達不到「靜」、「孤」、「枯」這種恬靜自省的標準，我喜歡找些不知名的小地方待上一會兒，就是愛上這種寧靜的和式風。

山崎站出口右轉不遠處有個「離宮八幡」的小神社，讀者不用費心的翻閱各式旅遊指南與觀光地圖，這是一個普通到不能再普通、平凡到無法更平凡的小神社，比起京都的平安神宮或日光的東照宮，就有如高雄夢時代Shopping mall與澎湖馬公街尾巷頭小雜貨店的對比；只是一座神社的基本設備如鳥居、本殿、拜殿、中門、社務所、石燈籠、御手洗(參拜者參拜前洗手之處)、石階、參道、御守等，該有的都有，沒有摩肩接踵的遊客如織，沒有幾排販賣名產也販賣著吵雜的商店街。

愛攝影的我，相機的觀景視窗中除了構圖外沒有閒雜人等，欣賞著斑駁的百年石燈，雖然沒有京都那種動輒一兩千年的咋舌古蹟，卻讓我在多出來的時間中，享用一種寧靜的異國文化。近年來，我也不斷地問自己，越是冷清與人少的景點，越能留下深刻的印象，同伴越少的旅行，似乎更能把那股寂靜轉化成無限的思緒對話。我特別喜愛股市的低迷點，那是個安靜、便宜與懂得謙虛的市場，而每次的高點皆充斥著為富不仁、股神、暴發、吵雜跟不尊敬市場與自然，這讓

↑大山崎山莊美術館

我感到十分的不舒服，或許散戶都喜歡三千億的成交量而不要利空過後的低點，喜歡擁擠熱鬧的新宿而厭惡無名寂靜的小神社吧。

大山崎山莊原為私人別墅，主建築是一座約80年前由關西大戶加賀正太郎建造的英式建築。加賀正太郎去逝後，山莊的所有人轉手了數次，後來才被朝日啤酒公司與京都府收購下來，並請安藤忠雄在恢復原有建築的基礎上，加建新的美術館空間。在入口前方有一座有著高聳煙囪的古老英式建築；在右手邊可見到安藤忠雄以清水混凝土所建的現代建築「地中的寶石箱」；而環繞在周圍的卻是傳統和式庭園。大山崎山莊是座罕見的融合英國與日本兩大大陸邊陲的島國建築文明，只是這些都不是最具有震撼感受力的元素。

收盤後的人生

　　2007年上下半年的全球金融市場有著截然不同的分野，07年上半年的台股走勢沉悶，難得會有一天的上下震盪超過一兩百點，成交量不高不低，十分恬靜與有秩序，像極了孫燕姿與梁靜茹的歌，細細地、輕柔地將音符與歌聲不經意地飄入我的耳內；07年下半年的股市卻進入狂飆激情，一天內動不動就上下來回三百點，兩千億的成交量竟然被菜鳥分析師形容成「量縮」，四千億的交投被視為「台股合理的動能」，07年下半年的台股從梁靜茹的恬靜化成了「大激安」式的催淚時代，楊宗緯的一首首催淚歌曲帶領歌迷與股民進入了下半年的震盪，歌迷大量的淚水伴隨著股民套牢的淚水，而我竟然在楊宗緯翻唱孫燕姿的「雨天」狂潮下，也差點流下了今年的第一滴淚。

　　進入「地中的寶石箱」這個安藤空間之前，先走下一個極度簡單的樓梯，一座我從未看過、如此「極簡」的樓廊，或許是不願搶走莫內的睡蓮的風采，我猜想安藤是為了那幾幅「睡蓮」才設計這個地底美術館吧！在館內上面則是由玻璃作為採光罩的天井，光線從天井

穿透到地下，安藤用強烈的光線展示與鋪陳出館內的寶物饗宴，從直島、淡路夢舞台到這個寶石盒，大師用光影引領出他的主觀想法。或許我不是專業建築達人，但這並不重要，到現場體驗感受兩位天才大師的作品，不同背景的人本來就會有不同的感受，這不就是藝術嗎？

館中的「寶石箱」展區內，展有四幅莫內真跡「睡蓮」，而大山崎山莊內就剛好有個小巧的蓮花池，從楓紅落葉的蓮花池到安藤的建築到莫內的睡蓮，一道又一道心靈與視覺的衝擊，當莫內的睡蓮就活生生在我的眼前時，而且整個地下室的展覽館除了一位職員、同遊玩伴與我以外，空無一人，比起多年前去巴黎羅浮宮的那股人聲鼎沸且限時兩分鐘的觀賞時限，這次可以從不同角度觀賞莫內的作品，可以不受限制地感受大師的作品，可以在饒富創意的建築中，肆無忌憚地捕捉兩個大師給我的「心的撞擊」，完全不懂藝術的我，忽然覺得自己是全世界最富有的人，當人類的寶貴資產撞擊到自己眼球時，我寫下了這一段話：

「此刻大師給我的心靈富足，足以撞擊出與眾不同的孤獨。」

偉大且豐潤人心的藝術品應該搭配美麗的歸宿，就像莫內的睡蓮系列被陳列在世界各個角落的偉大建築內，這些人類共同的美學資產就該如此。當我看到07年開始，台灣一些雙手沾滿了散戶牢套血淚的股票掮客，前仆後繼地炒作畫作，附庸風雅地將藝術品當成自己「文化漂白」的工具，一如黑道藉由生意或政界來漂白身分一般，或者只是要賺取差價幫畫界大戶出貨，抑或只是把藝術品當成洗錢的工具。觀察到這種令人作嘔的衣冠人士，只想告訴他們，請還藝術一個單純空間。

心中的聖地─
直島

心中的聖地─直島

　　鶯歌陶瓷博物館的導讀如此寫著：「清水混凝土，Exposed Concrete：去除外在修飾的清水混凝土，像一場對抗粗率施工的寧靜革命。清水混凝土象徵一種至樸至誠、還以本來面目的原初精神。」

　　我的上一本書《交易員的靈魂》之封面拍攝，本來是計劃到四國直島去取景，但最後礙於時間與經費的限制，無法成行，現在只能看著流行歌手梁靜茹的「崇拜」MV裡的北海道「水之教堂」的片景空餘恨。更讓我氣結的是，「水之教堂」竟然就在07年北海道行第四晚所下榻的Tomamu渡假村中，夢幻中的「水之教堂」就在自己的旁邊，卻因為沒有事先作功課，我就這麼錯過一場大師饗宴。從這慘劇中我更深刻地體驗出，旅行不只是吃喝玩樂之選擇，旅人必先付出些許心血去了解旅程，這個旅程才會給你意想不到的回報；一年中兩次安藤大師的扼腕，朝聖之心終於在07年11月爆發，我踏上了直島。

天還沒亮就出發

　　當我踏上直島的那一刹那，心頭立刻浮上了「後悔」，告訴出遊的同伴說：「為什麼我們只安排一天在直島？」那就好比經常賠錢賠到膽顫心驚的散戶，有一天竟然買到連續十根漲停板飆股的那種狂喜。前往日本直島的四種方法：

↑清晨的岡山駅

1. 在岡山搭乘JR宇野線到宇野站(約30分鐘)，出宇野站往右前方走五十公尺就可以看到四國汽輪的碼頭，約20分鐘船程就可以抵達直島宮ノ浦港；另外在宇野也可以搭車到兜島，或許大家對兜島很陌生，但兜島是全日本最大的牛仔褲生產地，每年東京、米蘭與巴黎等地之知名服裝秀，其中只要有牛仔服飾的展覽，就至少有四成來自於這個兜島。

2. 從四國的高松市搭乘同樣的四國汽船，不過從四國島高松市乘船，就需要比較長的時間，除非旅程中有包括四國，否則我不建議。

3. 用沉澱與放空的心情前往直島。

4. 拋開過往所有的旅遊經驗前往直島。

　　Benesse House與直島美術館到底有哪些使人迷戀的風格呢？如果有機會到直島美術館後就一目瞭然。他的建築物是用藏的，從直島的環島公路上去搜尋直島美術館，肯定是件挑戰旅人視線的任務，除了一只小小公車站牌聳立在路旁外，再也找不出任何證據顯示大名鼎鼎的作品就在四周。安藤的「把一樓留給樹木花草」、「還給地平線原來面貌」的堅持，讓我對於台灣許多偉大的建築物不能苟同，台灣建築還停留在爭奇鬥豔地與地平線搶奪大自然的視野，醜陋、毫無

◆美術館內有些饒富趣味的作品，如柳幸典的「鹹蛋超人」群，幾百尊鹹蛋超人公仔，傘形的擺設在地上。

美感與意識地堆了一堆又一堆的建築垃圾，還用暴發戶的思維包裝了一棟又一棟的「皇家**」、「帝寶**」、「**路易尊爵**」，短視地只想學股票大師，想用最短的時間賣光不具長期價值的股票或房屋。

　　美術館中再度顯露出安藤忠雄的「迴廊」設計表現，除了直島以外，在淡路島、大山崎美術館甚至姬路文學館都一再重複迴廊的設計，不論是建築物外體的步道，還是建築內展覽空間的走廊，參觀者藉著迴繞的設計，一而再、再而三的去體驗建築本身與展覽品。美術館處於地下，採光只能靠著自然的屋頂天光，然而，經由日光晨昏之間的照射角度不同，而玩不同的光影遊戲。安藤對光的意念源自他所自修的典範－「科比意」大師，安藤在《建築學的14道醍醐味》中引用科比意大師《邁向建築》一書中的名言：「所謂的建築，是集合在光線之下的量體的、富知的、精確的、而且是壯麗的遊戲。」。

　　安藤早年曾經到歐洲遊歷，看到科比意大師的廊香教堂(1950－1955)，領略到設計竟然可以脫離宗教建築的制式，同時在有限的財務限制下，科比意以單純光線塑造宗教的精神與教堂空間，並透過光呈現宗教意涵。

收盤後的人生

　　這種衝擊帶給安藤的影響，連我這個建築大外行都可以一眼看透。我站在光影交錯的美術館中，驚覺金融市場的「光」之元素不正是「資金」嗎？光影的灑進與淡出，資金的流竄與鬆緊，前者造就了偉大與黯然的兩極端建築，而後者有如光之朝夕、四季之交替而產生了多與空的循環。我身在台灣的投資市場，不想也無法遠離這個最愛的島國，多空變化好像光影交替，天光從不同角度潑灑進來，造就了不同的亮影遊戲。資金的來去也有如潮汐，資金潮來臨時記得踏上浪頭，資金退潮之際，請務必遠離海濱以免被退潮給席捲而遭到不測，光線不足請多開扇窗戶，台股這幾年的資金潮不足，只能更勤奮的扎根與練好馬步。

　　館中陳列著安田侃的「天秘」，他將兩顆巨大的大理石不對稱的擺設著。沒有藝術慧根的我讀不懂這些表達手法，但從參觀這些反差

很大的藝術品，擺設在清水混凝土的自信空間內，我得到了視覺上的饗宴，也打破了內心對於種種自我設限的框架。

別以為看了直島美術館或貝尼斯旅店(Benesse House)就算看過直島的安藤風，比起地中美術館，那些可能都只不過是向商業妥協的設計。走進地中美術館彷彿掉進火星的世界，所有的工作人員一律著白色外袍、白襯衫、白褲子、白襪子與白鞋、白手錶，從地中美術館的售票接待處到入口，安藤又要你走上一百公尺的上坡路，不過這次他體貼的在路旁挖了一座蓮花小池，為館內所擺設的莫內「睡蓮系列」作品做一個預告式的導覽鋪陳。從直島的地中美術館到大阪府大山崎山莊美術館，印象派大師莫內的睡蓮系列就一直與安藤忠雄的建築作品並陳著，更有趣的是，在「京都陶版名畫庭園」（下圖、隔水加熱網友提供）的建築中，安藤甚至將莫內的睡蓮畫作的陶製版放入水中。

直島美術館內雖然規定不能拍照，但美術館與部份旅館、餐廳是相連的，對於拍照這檔事似乎就睜一隻眼閉一隻眼，讓我這位不守規矩的遊客肆意拍照；但地中美術館對於遊客拍照一事就把關甚嚴了，我只能用手機的高畫素相機趁四下沒人偷照幾張，而且每

個地中美術館的展示廳幾乎都有服務人員做導覽，想要學壹週刊的狗仔，恐怕不是件容易的事。有趣的是，我看到一些年輕人拿著筆紙，一筆一筆地將他們的感受畫出來。最讓人震撼的是「光之空間」(如果我翻錯請原諒)，裡面有一個用螢光與一些我說不上來的光源所構成的七、八坪大的幾何空間，前面整面牆壁都反射著螢光，整個房間有著大約20度的坡度，它的地面不是水平的，當我進去光室往壁面爬行時，一股很強的壓迫感會浮現。安藤運用密室、20度斜角不易站立的地面與極暗之中的炫目螢光牆壁，營造出一股未曾體驗的空間與光的感覺，那一瞬間，安藤忠雄又再度挑戰我們的眼睛，用整體不協調的立體來顛覆對空間的制式思考，難怪在「光之空間」的入口處，解說服務人員就限定每人觀賞的時間，我想一個正常的人也無法在裡頭待太久。

我們心底到底有多少地方是自己不敢碰觸的？不敢面對景氣衰退、不想面對股票套牢、不能面對深層的自己，「光之空間」卻逼你面對自己。

地中美術館還陳列了一顆高度超過兩公尺的大理石圓形石球，更有趣的是，圓形球體的下端沒有擺設任何底座，就像一顆外星巨人玩的大理石材質之玻璃珠，玩膩了就丟棄到直島的地中美術館一樣。更令我心驚膽顫的是，這顆球還擺在高處，你可以爬樓梯去接近它，但當你走進這個大理石球展覽館時，好像有種隨時會滾下來造成災害的壓迫感，導覽人員還會要求參觀者卸下背包或身上的重物，一副十分擔心你的重量會影響建築者巧妙的力學平衡的樣子。

我不懂安藤大師在地中美術館所呈現的建築原創精神是什麼，一趟地中美術館的參觀，就完全顛覆自己從前一些對「光影」與「空間」的陳舊印象，一點光源的改變與地板坡度的傾斜，就讓一個小空

間彷彿成爲人間異境。我一向自詡是個想像力豐富的投資人與旅人，來到這裡以後，也必須重新面對與好好整理自己了。

建築作家沈佳弘在《基地在巴黎》一書上提到：「回家真好，回家就好；薩克遜修士說：『旅行有三境界，一是感到家園最甜美，二是到何地都像在自己的國家，三是到何地都像在異鄉。』我想我的境界只到第一層，但是管他的，買得到香雞排和珍珠奶茶的地方，總是不壞的。」

在直島遊歷散策，總讓我忘記身處於那個國家，讓我忘掉來這裡的目的，源源不斷的驚喜讓旅人只想不停往前走，期待在路的下一個轉彎處，跑出讓人拍案叫絕的新鮮事情。從來沒有任何idea會想在海邊擺一個金屬南瓜，除了那位詭異的藝術家草間彌生以外，直島的海濱除了沙灘、石頭、植被以外，還有一顆南瓜、一隻瓢蟲、幾張十分不搭調的金屬椅子、幾片好像海難後漂流上岸的甲板。難怪實驗大學教授李清志在其著作《安藤忠雄的建築迷宮》中，用「烏托邦」來形容直島，我這一趟「天還沒亮就出發」的直島旅程，至今仍然在腦海裡神遊，回不了家了。

收盤後的
人生

秘境的旅影

◆我喜歡的旅遊方式之一就是秘境旅行，秘境並非是那種充滿了驚奇探險與秘密的地方，而是將自己的目光從地圖中的大景點區移開，譬如這個身延小火車站。

➡中央本線是條文學之旅的好路線。

◆白色的小巴，有妻子的愜意與兒子的歡樂，還有我的VISA帳單。

➡不知從什麼時候開始，我喜歡躲在窗內往外眺望，坐在安全城堡內不願冒險，喜歡從事設計好的旅遊元素，一如內心的雜念。四十歲男人的救贖到底是什麼？我的答案是：好好睡一覺後再說。四十歲男人通常是沒時間就睡不飽，有時間卻睡不著，比起二十男子，中年四十大肚男既不可愛又很麻煩。

◀氣氛是寧靜的，這個旅館只有25間房間，如果你愛那種「白天喧鬧的汗水，夜夜笙歌的汗水」，這幽幽的蟬聲是召喚不了你的靈魂。

◀彎曲的小石板路，貸切之野岩屇呂，符號的股市，事事可解構，萬物皆可成交。

◀你日久眈於溫泉溫柔鄉，一切因為無法自拔的風呂成癮而擱淺，從陽明山到富士山，從知本爬到知床，從關仔嶺漂到關東。

我賺了三根停板，就倚老賣老，就凡事牢靠，就學富五車，就不可一世，如清風明月，如得聖僧開釋，就品味不凡，如得智慧三昧，只是偶爾臉爆青筋、喃喃自語，嘴裡吐出大蒜發酵的味道，夾帶著明牌的股票代號。

傳來秋刀燒烤，心裡想著貸款要扣；你用金錢換明牌，他用明牌換金錢。他說十幾年來莊敬路房價漲四倍，你說聽說林口以後也要漲四倍，我說聽那些房子賣不出去的仲介在放屁。

半夜被長黑驚醒，身旁躺著買來的陌生胴體，你說你望著她的曲線，想起明天的K線，我笑說你已過中年，從男女的遊戲換成金錢的遊戲，你聳肩回答：男童玩沙子，男生玩女子，這年頭，五十好幾只玩得動銀子。

◀拍這照片完全遵守基本面「井字構圖法」，四平八穩但匠氣十足。

◀傷痕累累的明牌，體力透支的作多又做愛，有人愛用K線寫日記，我只想用溫泉洗ㄐㄧ ㄐㄧ。高溫悶熱的室內風呂，煙霧遮掩不了出貨，高溫殺不盡明牌，寧靜也躲不開殺盤。

◀你的名字字牌放在排好的鞋子旁，服務的觀念在細節裡表露無遺。華人世界何時才能學到，這才是秘境。

這個股市帶著一種隨興的自我欺騙，不同的大師老師散戶大戶混在一起，就盪出不同的貪婪與恐懼。

你每天都在發現它一些些，也每天都在套牢它一點點。

部落格旅行團與大師自由行之奧義

　　喜愛旅行者，經常會擺盪在自由行與跟團之間的矛盾選擇，投資大眾往往得掙扎於自行選股買賣與聽明牌跟投顧之間，當然，這種矛盾若能被旅者與散戶參透的話，旅行社與投顧這兩個行業恐怕得倒閉關門一半以上；跟團的壞處與跟明牌一樣，真的是罄竹難書：

1. 行程無法決定：

　　譬如到泰國，做SPA的時間永遠比看殺蛇的時間少，而行程上寫著某國立生態園區，結果永遠是看一些猴子耍猴戲。從清邁到曼谷，大城到華欣，芭達雅到普吉島，從1997到2007年，所有泰國猴子的中文姓名都叫做劉德華、張學友與金城武，日文名字都叫木村拓哉。

2. 陌生的同團團友：

　　或許你會碰到每天喝酒、滿身酒味的酒國團友，搞不好還會碰到在你面前不遮掩剔牙齒，甚至拔下假牙在你面前洗滌一番，讓你立刻想起剛剛吃飯時與這位仁兄共用一鍋shabu-shabu的難忘記憶。這過程絕對比看電視聽明牌慘遭套牢還難忘，因為尋常人一年出國旅遊不過一到兩次，而笨散戶被那些大師口沫橫飛講的明牌所套牢者，平均一年被套多檔，說穿了，多頭與空頭市場的最大分野不過是多頭騙子多，空頭騙子少，多頭被騙的次數多，空頭被騙的次數少。

3.　淒慘的陌生團：

　　往往有些理專會賣給投資人一些不適合的產品，因為金融商品沒有適不適用的問題，對於金融理專而言，只有好不好賣與佣金高不高的問題而已，至於那些理財健診，忘掉它吧，它比那些壯陽、減肥藥品的廣告還要不實。買錯金融商品還算可以認賠了事，反正台灣腦殘的散戶太多了，那些竹科的宅男除了會加班賺錢外，讓他們賠一點錢也不為過；最慘的莫過於跟錯團，幾年前有家旅行社接到一對腦殘新婚夫妻來詢問，那對夫妻的旅遊條件是：五天、團費兩萬元以下、熱帶海島、沒有shopping行程，那家旅行社的AO竟然賣給他們「下川島四天三夜團」，整團除了這對新婚夫妻外，清一色都是買春男子，車上鶯鶯燕燕好不春光明媚。這對夫妻後來的遭遇就十分令我玩味再三了，可以想像同團的呂總跑過來跟這位新郎嘀咕：

　　「厚！小張！你點的這個小姐好漂亮，明天讓給我吧！」

　　更氣的是「厚！小張！你點的這個小姐好醜，明天叫導遊多找幾個給你挑吧！」

4. 更淒慘的親友團或公司、公會團：

　　跟團與明牌一樣，明牌報給陌生人，頂多一輩子老死不相往來就罷了，如果你好心告訴親友自己研究出來的投資標的，你的親友大概會有兩種反應：

　　「小黃！你報的那幾檔都漲不太動，兩個禮拜才漲10%，人家那個第四台的呂大師與謝老師他們報的都漲了20%。」

　　不然就會有：

　　「小黃！你報的那些股票都跌了，怎麼辦？除了不要叫我認賠賣掉以外，什麼方法我都可以試試看。」

　　請把場景拉到箱根的溫泉旅館：

　　「老公！外面下雪，陪我去外面夜遊一下，好浪漫呢！」

　　「不行啦！總經理要找我們幾位幹部喝酒，明天再陪你。」

　　很奇怪，台灣所有公司的董事長與總經理總喜歡把喝酒與開會的場景搬到如夢似幻的旅遊地，箱根溫泉街冬天的細雪，牽著身穿漂亮浴衣的老婆，頂著飄下來的北國雪花，這種景色可是一年難得碰到一次，但就是非得要陪你那位除了工作、什麼都不會的老闆，去喝那種喝到吐的酒。

　　再把場景拉到米蘭：

　　「老婆！陪我到米蘭大教堂看那棟偉大的哥德式建築。」

　　不過你的老婆如同吃了三噸的黃色炸藥般，連環泡式地對你大罵：「你看那家下游廠商－真有錢實業的李董，剛剛到Gucci的總店，

一口氣買了五款最新秋冬款式的包包，你這個死沒良心的，我嫁給你二十幾年，從工廠小會計開始陪你在四十度熱死人的工廠加班，頂個肚子幫你送貨到屏東，你到東莞包二奶我都睜一隻眼閉一隻眼，你竟然讓我比輸那家下游小廠的老闆娘，……。」

於是你的米蘭之旅真的變成Gucci救贖之旅，心裡暗幹著回國後要把那家真有錢實業李董的訂單全抽掉，以洩心頭之憤恨。

那麼自由行有什麼缺點呢？

1. 交通：

遊覽車有別於大眾交通工具之最大優點就是，隨時開隨便開(我一點都沒有任何取笑多年前的一本暢銷書《股票聖經》中所提到的「隨時買、隨便買、不要賣」的黑色幽默橋段)，搭火車與bus都有時間限制與地點的侷限性，與個人投資者類似。個人的時間與專業都有其限制性，無法像法人一樣有著充沛的人力去著手資訊之搜索與消化；個人自由行也是如此，試想，你與家人如果想來一趟絲路自助之旅，所要面對的交通問題將會困擾著整個行程。即便交通便利性最高的日本，碰到交通問題，都是一個頭兩個大，譬如位處偏遠鄉下但又相當知名漂亮的

銀山溫泉，若從東京出發的話，就要搭乘新幹線再轉搭地方local慢速火車，然後還得要再搭乘一趟公車，旅人必須事先掌握到一些交通上的時刻問題，搭個車還要膽戰心驚地以免坐過頭，最快也要6個小時才能抵達，其中大部份時間將會花在等車上，當然這樣的旅遊過程更會讓旅人終生難忘。一如買股票必須要先了解總體才能辦多空，知道趨勢才能配置部位高低，深入產業研究才能抓住主流類股，洞悉財報玄機方能選擇個股與避開地雷，過程很辛苦但相當值得。不過旅遊這檔事情，要能夠克服交通上的不便利，除了勤做功課外，你也只能選擇一些先進國家或大城市的city tour，而個人投資者也只能選擇透明度高的股市與標的。

2. 充分自由，但若抵觸治安這條自由行憲法，以治安為唯一考量。

　　終於知道我為何那麼喜歡去日本旅遊的原因吧！觀光客在一些落後國家遭土匪打劫、扒手行竊，甚至游擊隊綁架大家時有耳聞吧，就像買一些投機小型股或新上市地雷股，何苦為難自己呢？

3. 行李：

　　我每次旅行必定是全家出發，而且起碼六到十天，行李不可能太少，否則會影響旅遊品質。譬如以東京為中心，做環狀式兩趟三天兩夜的旅遊，我會安排某溫泉住兩晚，可是其他五晚的行李我會寄放在飯店櫃檯，待三天後從溫泉旅館回東京的旅館，再重新check in領出。曾經有一次更複雜，我的行李分別在四個地方，一下機場就先找黑貓宅急便，先將第六晚與第七晚的行李寄給當地旅館，然後第二天只帶第二晚與第三晚的行李到第二個下榻處，將第一晚用完的行李寄回成田機場櫃檯，順便將第四晚與第五晚的行李用宅急便寄到第三個下榻處；到了第二個下榻處過了第二晚與第三晚後，第四天要check out

↑岡山後樂園

時，將不用的行李再寄回成田機場黑貓宅急便櫃檯，第四晚到了第三個下榻處後順便可以領取第四晚與第五晚的行李(因為我在第二天早上就已經寄出)，等到第六天早上要check out時，再將不用的行李寄回成田機場宅急便櫃檯。就這樣，行李遍布在整個日本，而我們只要拿個簡單的包包，就可輕鬆到處旅行，最後一天到了機場再將第一晚到第五晚的行李領回，放在推車送進航空公司的輸送帶，十分輕鬆，而日本的旅館都會先代收住房客人的行李，因為日本人的旅遊也常常如此，況且日本的宅急便真是方便到極點，任何便利商店或風景區的觀光協會櫃檯（通常就在火車站裡面）與大部分的旅館，都有提供這種服務。

還有一個解決提行李的困擾，特別適合中途下車的短暫遊玩，許多車站都有投幣式的寄物櫃，一下車就把行李寄放在裡面，然後簡裝出發去滑雪、搭纜車、逛街、拍照、吃喝等，輕鬆愜意。我曾經看

↑全世界的寺廟眾多，最美之處在於世代的平安祈福與傳承。這對年輕的日本父母帶著嬰兒到宇治興聖寺拜拜，我不需翻譯就可懂得他們的父母心。

過中國旅行團在箱根山上的纜車中提著大行李，邊走還邊吃力的呟喝著。記得，你必須將行李拆成幾個小行李箱，否則有許多車站沒有提供可以寄放大行李箱的置物櫃；此外，有些車站是沒有置物櫃的，不過不用擔心，每個地方都有所謂的觀光協會，在每個車站都有一個小櫃檯或小辦公室，只要你能在他們下班時間前(多半是5：30)領回的話，他們都會樂意讓你寄放，如果碰到少數比較硬的服務人員的話，記得不要跟他們講日文，盡量用英文，因為他們一聽到英文就會慌亂，很容易就會同意你的所有要求。

自助旅行通常有這些麻煩，但更令人不解的是，多數的旅遊指南都沒有詳細告訴我們這些事情，旅遊指南若不是寫得如夢如幻，不然就是寫些「超人苦行僧旅行」。這就有點像投資理財領域，投顧老師、銀行理專與媒體大師說得天花亂墜，一如旅遊書籍與旅行社廣

告，而那些三十天橫斷日本、十五天走遍絲路、單車騎天涯等旅行書籍，對於愛好旅行者而言根本不切實際，一如股票市場的「造神」，如「三年賺兩億」、「零到一千萬」、「狠賺五千萬」等等，先不論其真實性，這些神話對一般投資大眾而言確實是遙不可及。所有自助旅行的專家與書籍都沒告訴我們行李、洗衣服、當地交通、看病等真正會面對的問題，一如明牌大師不會告訴你買進的風險在哪裡。

　　有沒有折衷之旅行方法，既有自由行的自由隨性，又有跟團的方便，卻沒有自由行的麻煩與跟團的困擾呢？有的！我在部落格組了三次日本旅行團，行程跟下榻旅館完全由我與團員們討論後定案，然後請旅行社比價，選定旅行社後就交由他們去聯絡機位、旅館、車子等等細節，我們只負責出發時刻到機場，就一路享用自己設計出來的旅遊路線。07年一月，我帶了34個部落格讀友團團員到日本北陸，住了兩間日本排名前十名的高級溫泉旅館，每天都在下午三點半以前就抵達旅館，將大部份的時間花在美好的風呂與懷石服務上，而不再浪費時間在層層的免稅商店。07年夏天又組了一團到北海道，到了一般自助客與旅行團罕去的知床與阿寒湖；08年冬天又將帶著一群讀者去日本最鄉下的地方：山形，阿信的故鄉－銀山溫泉，以及很少觀光客去的秋保。接下來將有夏天的九州「佐賀阿嬤的故鄉與天草、天主兩大主題」的旅遊，與冬季京都銀雪及安藤的建築深遊之旅。

　　慢慢地，台灣的股民與旅者蘊釀了自己的想法，方便的網路資訊查詢與眾多各有所長的旅遊、生活、品味與投資財經的超級個人，會逐步取代那些被媒體包裝美化卻經不起檢驗的偶像。在網路的世界，無情與立即的回應速度無時無刻在考驗著這些超級個人，沒有包裝、直接從言論槍林彈雨死人堆中爬出來的達人，在2008到2012年間將會

證明，網路才是真實的，媒體才是不堪一擊的虛幻泥娃娃。

2007年底最犀利的趨勢家邱永漢告別了媒體，2008年就是網路與傳統媒體死亡交叉的顯著關鍵年。在2007年，我看到了新股的炒作歪風漸漸式微，也欣然看到年輕的一代不再迷信於媒體包裝過的言論，更高興看到了2007年的兩次高點，散戶、大戶與法人通通站在較為公平的角度一起陣亡。台股已經進化到部份沙丁魚懂得自保的新時代，迫使一些不想跟著進步的老掉牙人物轉進到更不透明的市場－藝術品，這些老朽的大師還流連於過往的繁盛，一如旅行社導遊還堅持帶客人看殺蛇、買蛇油一樣的讓人無法認同。

肆、短篇故事

好想度個假

　　一個平凡且陰溼昏暗的秋天清晨，空氣轉為冷冽，住宅區內行人十分稀少。爬文於案牘間，書房內充滿那杯昨夜喝剩的哥斯大黎加溫泉咖啡的氣味，再好的東西都不耐新鮮的流逝。中年作家經過幾個月的發光發熱後，書桌前又擺滿一本本「療癒系」的溫泉渡假指南。川端康成《雪國》書中，那位自我放逐到湯澤溫泉鄉的頹廢作家，用句現在的詞語形容：中年疲乏；而用我的新創名詞則是「重新定位自己的人生座標」，川端用情慾救贖，而我偶而煮杯咖啡來定位，太沉重？一杯溫熱的現煮咖啡起碼可以找到一整個早上的人生定位。

　　我其實不習慣什麼事都不做，因為從前的我來自終日忙碌的環境，是忙碌的金融業操盤交易員，每天都像摩天輪般轉個不停，即使離開了那樣的環境後，也經常是如此。對我而言，交易員也好、大師也好、名嘴也罷，現在這樣靜靜地坐著，啜飲熱騰騰的索馬利亞咖啡（一種不易被遺忘的味道，但這味道又不會粗魯地強壓過你的心思），看著那些該死的旅遊書與網站，瀨戶內海、日光、九州……又再度向我招手，起心動念間，好想把傷痕累累的身軀丟到北國楓海與溫暖泉鄉。

　　我不喜歡巴西與牙買加的咖啡，因為太流行與過份強調的主流價值向來不是我所喜好，碧湖旁賣咖啡的老莊，他窖中一包包的東非原豆，不知敗了我幾根漲停的金錢，望著湖邊的雲影流動，看著遠方崙

上高地‧長野‧小沈提供

尾山的倒影在湖面上、看著內科上班人群行走、看著時間流失，我很想把書架上的朋友們，巴菲特與夏目漱石、郭恭克與村上春樹、土屋隆夫與莒哈絲、鍾文音與史帝芬金、百年孤寂與千年繁華、麥田捕手與佐賀阿嬤……通通請出來一起喝咖啡。

　　對！也許幾萬個讀者想要了解2007年FED二度降息的意義，有更多讀者想要我說百元油價的三兩事，市場上一些人士對我的盤勢分析有著高度的興趣，媒體和出版社等著我答應那些累死人的工作，我的營業員等我回覆，但其實真正需要我的是那壺已經快要冷掉的索馬利亞咖啡，數年如一日的不加糖，等我喝完這杯咖啡後再說吧。

　　我前幾天認識一位中年作家：阿國仔，當年身心疲憊的他，在妻子終於受不了貧困生活離開後，幾年前帶著僅剩的十萬元在東北角海岸山脈上一個廢棄數十年的礦產小村住了下來，他投宿在小鎮車站附近一家只有五間房間的小旅館。旅館的巷子裡有一家破舊的阿婆黑輪攤、幾家只有週休二日才會營業的無趣土產店，而這些名產的產地是

來自於台北新莊與
廣東東莞的工廠；
山脈下則有一個比
較有名的溫泉鄉。

▲沖繩

　　阿國仔會來
這裡，也只是隨手
買了車票，提光所
有積蓄，逃離破碎
的老家，倉促跳上
松山車站清晨的第
一班慢車而來到這
裡，快要清晨，就在想要找個地方睡覺的心情之下，落腳於這家小旅
館。阿國仔一睡就是七天，他太累了，似乎一生中從來沒有休息片
刻。

　　狹窄骯髒的小旅館客廳，坐著一位鮮豔如花的美少女。更不可思
議的是，她的長相竟酷似阿國仔那位逃跑的前妻！睡了七天後，少女
問阿國仔：

　　「先生！你想要我陪你睡覺嗎？」

　　「我睡了七、八天、哪還睡得著！妳叫什麼名字？」

　　「小悉！」

　　「好美的名字！」

　　「我可以叫你……」

　　「阿國仔！」

　　「我已經兩個禮拜沒客人了，你就捧場一下吧！」

　　就在小悉細膩的溫柔下，阿國仔再度進入夢鄉。

夢中，阿國仔看到了五年後的自己，股票投資賺了好幾億，寫了四、五本暢銷的書，其中兩本小說還改編成劇本，被李安拿去拍了一部叫做《財，戒》的賣座電影，離棄的老婆回到身邊，家裡有個三歲小男孩，老婆肚子還有一個女孩即將臨盆……。

　　叩叩叩——，聲聲敲門聲打醒了阿國仔的美夢，揉揉雙眼看看旁邊，小悉不在，阿國仔驚覺到背包裡的錢，數了數，小悉只拿走了她該拿的錢，阿國仔迷惘地看著垃圾桶裡使用過的保險套，是那麼地真實。

　　起身打開房門，來敲門的是旅館的老闆娘，說是老闆娘也不貼切，她看起來似乎沒有家人，獨自看管著這家破舊旅館，年紀大概七十好幾了，阿國仔住進這家旅館後，第一天就付了一個月租金，所以這阿婆就再也沒來煩她，阿國仔再度見到老闆娘，有點不耐的問著：

　　「找我幹嗎？」

　　「歹勢啊！昨天你是不是和一位小悉鬥陣？」

　　「喂！妳是開旅館的，還是查戶口的！」

　　「我是小悉的老母啦！」

　　阿國仔有所警覺的望著門外，這年頭仙人跳很多，阿國仔露出戒備的神情看著旅館老闆娘。

　　「有什麼事？」

　　「小悉已經死了二十年了！」

　　「你這個裝神弄鬼的老歐巴桑，大白天來找我說鬼故事嗎？」

　　旅館老婆婆從口袋拿出一張泛黃的剪報，上面有小悉的照片與意外身亡的新聞。

　　「如果她昨天有來找你，就已經是二十年來第五次發生這種事

收盤後的
人生

了，而且你夢裡面所夢到的情節，未來通通會發生，是好夢還是噩夢？先生你好自為之……。」阿國仔聽完後，感到一陣地轉天旋而倒地。

我到碧湖旁的咖啡廳喝著咖啡，聽著阿國仔說故事。我張大嘴、端著杯子，那杯肯亞咖啡已不知不覺冷掉了。

阿國仔對我笑著說：「我這幾年的大運就是這樣來的。」

我顫抖地問著阿國仔：「那你這幾年一直買進台塑，莫非是那位小悉告訴你的？朋友一場，快告訴我台塑到底會漲到哪裡？」

阿國仔語帶玄機的說：「沒有分析師執照是不能說的喔！」

我、好、想、去、旅、行。

光之教堂・大阪

強老大的十八洞

強老大的十八洞

強老大的十八洞（建議先看第五篇：金控交易室的一天）

　　清晨五點半，一群人頂著刺骨的東北季風，在溫度被凍結在攝氏7度的海邊球場，強老大縮著身體，老覺得自己手臂伸展不開，北海球場第十洞（註:高爾夫球場有18洞，通常打的順序有兩種：OUT是從第一洞開始；IN是從第十洞開始打到NO.18，再返回NO.1打1－9洞）就是很有名的逆風長洞，讓打球的人在還沒暖身的狀況下，立刻面對嚴厲的挑戰。強老大特別喜歡打這一洞，這與他犀利的投資原則十分吻合：「還沒準備好、別急著上場。」

　　桿弟數著球桿：「強先生你有10支鐵桿、3支木桿、1支推桿；林先生你有……。」

　　林董：「別囉唆、開球啦！強老大今天要抓什麼？」（註：抓就是球場上小賭的慣用語）

　　「林董你一定要讓我幾桿！」

　　「靠！你要跟我拉生意，還要我讓你桿數，阿你甲人夠夠！」

　　「厚啦！」

　　球車緩緩前進著。

　　強老大自從那場金控大鬥法吃了敗仗後，消沉半年之久，過往八年的風光日子、外資金控的光環，一夕之間煙消雲散，從前那些鞠躬哈腰的同業、部屬，以及仰賴他生存的那些人，個個消失得不見蹤影。半年來強老大才深刻的體悟，以往那些風光，其實只是因為金控

立益球場

那支金光閃閃的招牌，如今招牌離開了，就只剩一個「屁」字。

三個月前，強老大委身一家鳥不生蛋的信合社：國華信用合作社，開始做起「理財專員」。這間信合社是南部一個地方派系所成立，橫跨藍綠，且在當地的金融市場有聲有色，主事者「添總」是一個極具企圖心的地方型金融家，一年前將信合社版圖擴張到北部；他最喜歡用台北的外商銀行或大金控退下來的人，且專挑鬥爭失敗的幹才，那些自願辦優退的人則完全不想用；添總的原則是，用天天在戰場廝殺、但不小心敗下陣來的猛將，而不屑用一輩子靠年資、累積升遷躲在幕後不敢上第一線的老銀行米蟲，添總與強老大簡直一見如故。

強老大不愧是強老大，他去這家國華信合社（簡稱國信）不到幾個月，立即幫理財專員部門帶進15億的生意。

北海第十一洞：貼近海邊最近的一洞，多天時猛烈的東北季風由

右吹向左，站在發球台邊，身體都會不自主的搖晃。刮起風時，發球朝右側海邊打，小白球會被猛烈的大自然力道吹向左邊的小山丘。

強老大投資的第二準則：**「站穩腳步觀察大環境。」**

「幹，這球怎麼吹向左邊這麼多！」林董大吼大叫的。

「沒關係啦，林董！你最會救球了。」

「靠爸啦，您老師卡好咧！」林董霸氣又失望的叫著，強老大心想，今天是陪這個連鎖店大王和他的加盟店主爽的，絕對不可以打太好，強老大抽起五號鐵桿，刻意將桿面稍微打開約5度的角度，上桿時故意一點點over swing（一般菜鳥球友最容易犯的錯誤，簡單的說就是手臂的擺動過大），果然如強老大所料，他的小白球也跑到了左邊的小山丘，剛好落在林董的小白球旁邊。

「董ㄟ，咱感情真好，連球都跑在一起！」

「這洞難打，連強仔你都打不好！」

「是啊！是啊！」

北海球場

強老大心想,您老師卡好咧,我若自己來打,根本不至於打這麼爛。

牌桌有政治麻將,球場當然也有政治球敘,強老大經過大風大浪的洗禮後變得更加沉潛,他已經學會該「藏拙」時就不能鋒芒畢露,否則就如打地鼠的遊戲,一冒出頭就被人無情的痛擊。在新東家「國信」雖然只是理財專員中心主任,一天鞠躬的次數將近三百次,一個笑容至少掛在臉上超過十二個小時,但他比那些剛畢業、沒經驗的理專更了解真正的客戶在哪裡。

北海第十二洞:最安全但最長的四桿洞,這洞沒有什麼障礙,但距離較長,唯一的策略就是盡情開打,展現球技把小白球打的「幼稚園」(沒有打錯字,球友俗稱把球打的又直又遠叫做幼稚園),是個絕對不能過於保守的一洞。

這是強老大的第三條準則:「**當環境轉好,要敢衝、敢加碼,不能保守。**」

　　鏘的一聲，極爲清澈的擊球聲劃破寧靜的球場，林董與強老大都把球打得又直又遠，兩個人差不多打了300碼。

註： 開球300碼就差不多就是業餘高球手的極限，Tiger Woods起碼可以開出380碼，世界紀錄是600碼。

　　「林董，你這球開得漂亮，昨晚有偷練厚！兩禮拜沒跟你打球，啊你進步架大！」

　　「沒啦，你嘛開得很漂亮！」兩人帶著愉快的心情，邊聊邊走向下一桿的落球地。

　　強老大不是笨蛋，一般菜鳥理專開口不到三句話就想推銷金融產品，其實這跟那種在高速公路休息站內，常見的賣棉被單幫鏢客有何不同？除了把客人嚇跑以外，不可能達成什麼目的。強老大與這位林董已經認識兩個月，見面兼打球也不下七、八次，但強老大還不願開口，他知道等待的道理，等到客人自己受不了而主動開口，那麼這位林董的十位數財產就會成爲國信的業績了。

　　北海球場第十三洞：更需要強力出擊的一洞，與第十二洞幾乎是反方向，球道筆直，第二次引誘球友去奮力的擊球，但往往這樣的

收盤後的人生

心理一產生，反而造成失誤連連，這洞的心法與強老大的第四條投資法則是：**「放棄控制，以獲得控制。」**

「控制」是心試圖控制揮桿，但結果往往事與願違，強老大在前波大多頭時為老東家所立下的戰功就是：環境變好順勢而為、不耍小聰明。

幾個月前的一個早晨，拖著落寞身影的強老大來到了一棟老舊不起眼的大樓，斑駁的外牆、長著壁癌的牆壁，

一樓電梯口還有幾位從地下室夜店收拾完畢準備下班的年輕痞子，這棟大樓還有徵信社、家庭手工毛線工廠，樓梯間不時傳來夫妻的吵架聲、小孩的哭鬧聲，國華信合社就位於這棟的大樓內。

桿弟對著林董說：「林董，你這球要瞄準球洞的左邊大小邊、先快後慢、力道普通打，要有點敢推、又不能用力。」

全世界的桿弟若想轉行，最適合的行業是投顧老師──一樣的模棱兩可，沒有人聽得懂桿弟在果嶺上給球友的建議。

「靠爸啦，到底要怎麼打？」林董疑惑的問著，強老大這時知道自己最好不要給建議，否則林董打不好就會怪東怪西。林董扭腰擺臀、左瞧瞧右看看、口中唸唸有詞彷如三太子上身，眼神呆滯的推桿一擊，球居然滾進洞，不到百萬分之一秒後，強老大立即大叫：

「林老闆，太準了！這讓我想起老虎伍茲今年名人賽最後一洞的

推桿，太水了！」

　　強老大霹靂啪啦講了近十句奉承的話語，他深知客人在意的事情就是跟他分享喜悅，旁邊兩個加盟店老闆悻悻然的對強老大白了一眼。

　　北海球場第十四洞：障眼的一洞，這洞開球居高臨下，先是一個大下坡，然後再一個大上坡，看起來很嚇人，讓你心生膽怯，其實只是球場設計者利用地形，來欺騙一些新球友；這也是強老大第五條操作準則：「**趨勢確立後，不聽市場雜音。**」

　　強老大倒抽了一口氣，想著這個地方就是我東山再起的根據地，走進國信的一樓櫃檯，轉進了一個燈光昏暗的角落，這裡的人似乎都已經知道今天理專中心的主任來報到，添總碰到強老大：

　　「強主任，來！這三張桌子以及這一間小會客室就是你們中心辦公的地方。你從老東家挖來的Vivian也來報到了！」

　　Vivian是強老大在老東家時的秘書，秘書工作的宿命的確如此，老闆到哪裡就只能跟到哪裡，換了老闆，通常秘書的職場生命就跟著結束；強老大瞄了周遭國信的其他人一圈，感覺到一股說不出來的敵意。

　　「強董！我昨天聽一個客人說，銀行現在有推出那種6趴的定

北海球場

存！」

林董邊架著球tee（球場每洞第一球的發球台上，可以讓球友架上一個球座以方便擊球，那個球座就稱為tee）邊問著強老大，強老大心念一轉回答：

「別被騙了，銀行三年期定存才2趴多，沒那種好康的啦！」

林董將球擊得老遠：「那個客人不會騙我，阿你公司有在賣沒有？」

強老大故作不耐煩狀，走下球車喝著水：

「我打球不喜歡講公事，我們在一起有緣作個球友就夠了，牽扯到錢的事情我也不想談。」

天字第一號的老狐狸強老大心想：「上勾了。」

北海的第十五洞：結束順境的一洞，這一洞平淡無奇，十分好打，讓球友在這洞打完後幾乎失去戒心，甚至開始編織一些美夢與講一些大話，殊不知球場設計者就是要用最簡單的一洞，來折磨你的自信心。

強老大多年來立於不敗之地的最重要第六條：「**沒有利空時，市場反轉日。**」

Vivian一改過去噴火的穿著，來到國信後開始打扮得中規中矩，深色套裝，加上專業但不起眼，且略嫌呆板的長褲，即便如此，她那呼之欲出的34D雙峰仍舊吸引著國信新同事與客戶的垂涎的眼神，抱著一堆報表拿給強老大。

「這是電腦室幫我們跑出來的客戶資料。」

強老大老練地翻閱，一邊數落著說：「這就是一般理專會犯的錯誤，你看什麼五百大企業員工、什麼電子科技公司的上班族，去對這些人作行銷簡直是散彈打鳥，越是大公司，員工薪資就越低，何況，我們找得到這些資料，難道別人就找不到嗎？還有這個王中名，九

歲，難道要賣他遊戲光碟嗎？」

Vivian疑惑地說：「那我們要去哪裡找？」

強老大自信地回答：「多的很！等一下陪我去找一位媽媽桑！」Vivian一口茶差點沒噴出來：「媽媽桑！強主任你不會是講酒店的媽媽桑吧？」

「難道幼稚園會有媽媽桑嗎？」

林董的兩個直營店老闆──拉朵（La Doix）與羅蘭（Laurent），不要懷疑，現在台北地區賣薑母鴨的老闆，他取的外國名字就是這樣的法式風格，聽說全台宰鴨第一好手人稱「桑內」（Santenay）；這些是林董特別強制規定的，他抓準台北市貧乏上班族那種莫名其妙的崇法心理，以薑母鴨搭配紅酒、鴨爛佛搭勃根第白酒和麻油麵線搭配法國香檳，這樣的組合為他的薑母鴨生意再創高峰。

拉朵說：「董仔，你這洞打得不錯喔！」

羅蘭跟著說：「我們四個人這一洞都打par（平標準桿）。」

強老大笑想著：「下一洞你們老闆保證大發雷霆了。」

北海球場第十六洞：抓狂的開始，常打球的朋友都知道，球場的成績起伏最容易看出一個人的真正修養，第十六洞就是一個人性的試煉場，右邊都是山壁，整個球洞展現山右狗腿狀（right dog-leg右轉的形狀），發球台看不到果嶺的旗桿，除非球友有辦法打出職業選手的「小右曲球」，否則就算直打也很容易打出OB（Out of Bounds出界球，罰兩桿，為所有球友的夢魘），這一洞再再考驗人性貪念與急躁；強老大把這種心理，稱為第七條投資心法：**「能見度不佳，立刻保守應對。」**

Vivian下午三點跟著強老大來到大直一間藏身於巷弄的小咖啡廳，兩人點了坦尚尼亞AA級的咖啡，枯坐半小時後，一個紮著馬尾，著合身得體日本兜島牛仔褲，上身一件淡鵝黃色的Timberlin T恤，淡

淡彩妝搭配一股薰衣草香味的香水，面對他們坐下，強老大介紹到：「Vivian，這是Evan，風馬模特兒經紀公司開發總監！」

Vivan忐忑不安的點頭，靜靜聆聽Evan與強老大的對話，強老大拿出一個牛皮紙袋說：「Evan，你跟我都是生意人，這是50萬元與台北上海來回機票，還有酒店的voucher，以及替你報名好的蘇州台商參訪團，以及這個人的照片……。」

Vivian大叫一聲：「Rick？」

一如預料，第十六洞是折磨人的一洞，除了強老大採保守策略外，其他三人用硬拼的方法，紛紛OB，更離譜的是，羅蘭不信邪又重新擊球後還是OB，拉朵與羅蘭在這洞不知咒罵了幾百句：「看你老師、老爸、老媽……！」「F*、F**、F***、F****……、F……！」「都是桿弟你害的！」

「伊良咧！我這支球桿不好！」

東怪西罵的連阿扁施政不佳都扯進來了（打球打不好怪阿扁？這和很多投顧老師投資大師沒什麼兩樣，反正看錯的就怪別人）。強老

永漢球場

北海球場

大在這洞聰明的遠離三人，甚至藉故尿遁，他知道客戶在生氣時最好離他遠一點。

北海第十七洞：最困難的洞，所有高爾夫球的困難點，通通在這一洞出現：距離遠、OB、大水池、沙坑密佈、狗腿、茂盛的樹林、盲眼看不到果嶺等，這一洞不是在考驗人性，而是殘酷的考驗球技；強老大第八條準則：「空頭市場才能見真功夫。」

金融界常常會辦一些大陸工廠或台商參訪團，出資者大多是在中國有龐大投資的上市櫃公司，會邀請一些法人，如外資操盤人、投信研究員與基金經理人、銀行的授信主管、或一些握有龐大客戶群的超級理專等等。白天當然就是參觀工廠、生產線，或辦一些客戶與產品說明會之類的行程，上市公司如此做法也無可厚非；上市掛牌後，當然希望股價能有所表現。而參訪團晚上的行程就更枯燥了，一如邀請一些男團員到一些電力供應不足的店（裡面燈光很暗）拜訪一些中國時髦的年輕女性，聊聊她們對人民幣的看法，偶爾也與這些女性關室研究棋、琴、書、畫等廣博悠久的中國文化，男團員如果覺得這些女師傅不能滿足其求知慾望（慾：沒打錯），往往會更換這些女國學師

傅，而少數求知慾更大的男團員，一個晚上可能會邀請好幾位中國知識少女一起長談把歡至天明。

Rick是位金融界頂尖的sales能手，也是少數金融圈中潔身自愛的人，倒也不是他有多高的道德，而是他內心深處已經被十年前的初戀情人所填滿了，他對於女色是性趣缺缺的，尤其是用金錢買的。

Rick的目光一直盯在Evan身上，Evan此行的身分是國信企業金融部副理，強老大深知Evan的手腕與Rick的過去，一個佈局就此展開。

林董知道這洞很難，於是對著強老大說：「這洞和理財一樣必須保守！」

強老大暗笑想著，當客戶主動提出自己的看法時，其實就是內心無助想求助的時候了！強老大故意不講理財：「這洞必須小心翼翼……，如此這般……。」

林董豁然開朗對著羅蘭與拉朵說：「你們看強仔（不稱呼強主任了，林董已經認定強老大為自己人了）！人家高手就是不一樣，哪像你們打不好就只會亂罵！」

拉朵無辜的想著，剛剛罵最大聲甚至摔球桿的不就是林董你自己嗎？

北海球場第十八洞：漫長的等待與考驗，這是球場最長的一洞，因為距離太遠，以至於新手與高手在面對這一洞時的策略都是一樣的，這洞不需花俏的技巧，也不太需要強而有力的揮桿，只能按表操練；就有如強老大的第九條法則：**「市場空頭尾聲時，無論老手與新手，只能等待。」**

Evan 與Rick一路有說有笑，Evan不愧為此道老手，不到第三天就讓Rick陷入初戀般的甜蜜漩渦中，第三天晚上，不能提電子蘇州廠總

經理在大夥下榻的酒店作東，Rick的眼睛直盯著Evan瞧，Evan看在眼裡，心想獵捕行動直接展開。她坐在Rick旁邊，有點不勝酒力的說：「侯總我快不行了，總之，我們國信的那筆中期無擔保放款沒有問題。 Rick，幫我按電梯好嗎？」

走著走著，Evan故意跌在Rick身上，輕聲細語的說：「送我回房。」

Evan一進房就立刻將Rick撲倒在床上，在他頸背輕輕地吹氣，Rick只覺得全身燥熱，一波高似一波的熱浪襲來，感覺到Evan脫掉了胸罩，豐滿的一對綿綿雙峰壓在背後，有彈性的起伏、滑動；Rick望著Evan的身影，Evan恣意的以堅挺的奶頭挑逗著Rick。

然後Evan開始解開Rick衣服的扣子，而他根本沒有反抗，只是專注地注視Evan的眼睛，注視她那像輕柔的水般圍繞他的目光。她面對他坐著，赤裸的胸部在他的撫摸下膨脹起來，似乎渴慕被他看見，被

↑明石大橋‧兵庫縣

他讚美；Evan將身體轉向他，像向日葵轉向太陽。

Rick至此陷入了現實與回憶、迷惘與甜蜜的不可自拔之中，後來的四天參訪行程，與Evan有如初嚐禁果的小情侶初次出遊。

北海第一洞：九洞的結束，通常球友們在打完前九洞後，會做個簡單的成績統計，順便到球場內的小餐廳吃個小點心，或喝杯飲料休息一會兒，很多人此刻會陷入歇斯底里的狀態，有人懊悔前面幾洞處理不好，當然也有人會洋洋得意炫耀自己，強老大在此時除了休息或吃喝補充體力外，不會去做無謂的前九洞得失分析，因為這一洞給強老大的啟示是，第十條強老大心法：「**過去的輸贏與下一次的play完全無關。**」

別看林董一副大老粗的模樣，他能有今天藥膳食物界的地位，也是經歷過大風大浪的，只見他吃著包子喝點咖啡，一動也不動的閉目養神，便可了解，這個人雖然不懂投資理財，但對人生的「悟道」是很清明的，強老大心想，難怪其它銀行的理財專員都沒辦法抓到這個客戶。強老大深知，越是成功的有錢人，絕對不能從外表與其言談去捉摸，像林董的大老粗形象，其實只是他保護自己的方法，而對付有錢人必須卸下他的面具，揭開他內心的真實恐懼面。

北海第二洞：這一洞打得好不好的關鍵在於第二桿，而非開球；第一桿的落球點與處理第二桿的方法，決定了球友在這一洞的成績，強老大第十一條投資法則就是在此悟出的：「**贏家會處理風險與失敗，輸家則放著擺爛。**」

強老大趁羅蘭與拉朵去找球之際，偷偷對林董說：「林董！你應該多買幾台車！」林董回答：「靠爸啦！我錢多啊，莫非你要賣車？」強老大壓低音量輕輕地說：「不是啦！你每次出門最好開不同

的車，走不同的路線，這樣比較安全！」　林董一驚：「啊哇怎麼沒有想到！」

強老大：「我看你今天停車的時候鬼鬼祟祟、東張西望的，我就知道你擔心什麼了！」

強老大說：「這是股王五峰老董跟我講的，我覺得你可以參考。」

↑普吉島‧Banyan Tree球場

林董接著說：「強仔，打完球我們一起去看車。」

強老大深知這種在社會基層打拼致富的人，內心對躋身上流社會的渴望，否則怎麼有那麼多的家長，即使打腫臉充胖子也要把小孩送到那些薇閣、再興、劍橋中小學讀書呢？

Rick回台灣已經一個月了，他發瘋似的尋找Evan，經常在午夜夢醒時嘆息，與Evan的畸戀有如莊周夢蝶，是夢是蝶？一個讓他多年午夜夢迴的女子，夢幻般走進Rick的世界，又突然抽離開來。他一個月來似乎也無心於工作，手上捏著那個厭惡到極點的電話號碼，掙扎了一個月後，受不了內心煎熬撥出了這組魔鬼的手機號碼：「強老大嗎？我是Rick，我想請你幫個忙！」

北海第三洞：人人皆知的風險，這一洞又遭逢北海岸的強烈東北季風，只不過球友們經歷了前面幾洞的強風洗禮後，多數人都知道如何在這裡處理手上的小白球，多數player面對這洞多有敬畏的心理，所以很少在這個地方失守，這像極了強老大的第十二條投資定律：「**大家越謹慎，行情就不會中斷。**」

收盤後的
人生

　　強老大打開了房間的音響系統，挑了一張華格納的歌劇《諸神的黃昏》緩緩播放，Vivian拿著吹風機吹著她濕潤的長髮。

　　「Rick怎麼會答應來我們國信？他不是厭惡你到極點？」

　　強老大說：「你別看Rick一副很強悍的樣子，其實他內心真正計較的不是這些。我是Rick的大學學長，他大一升大二的暑假到澳洲當了三個月的交換學生，在寄宿家庭中認識了一個同是台灣去的女交換學生，那三個月內倆人很快的墜入情網，大概是身在異國的關係吧！回來以後，因為Rick是居無定所的僑生，兩人都失去聯絡，那段失落感情的打擊，對Rick來說是很深刻的。

　　「這段感情是Rick的初戀，也是唯一的一次。他是個從小家庭破碎、離鄉背井的苦僑生，是個一輩子都忙著為活下去而奮鬥的人，而

▲孫文紀念館不在廣東也不在台灣，竟然座落在明石大橋旁。

那女生聽說也是苦出來的人，半工半讀才得到那次遊學的機會，也就是兩個辛苦二十幾年的人，在一生中僅有的幸福時刻相遇，那種心靈震撼的激盪不是我們所能理解的。

「他大學那幾年常常一個人跑到機場的出境海關，看著飛機起落偷偷流淚呢！」

Vivian好奇地繼續問：「那Evan頂多也只是長得像她罷了。說到Evan也令人納悶，為何她會來當國信的理專？」

強老大說：「她當酒店公關其實也很無奈，她一直想找個新身分與好男人重新開始生活，我在Rick面前隱藏她的過去，讓她在國信當Rick的助理。」

Vivian一臉狐疑的問：「我可以理解Evan的心情，但是Rick怎麼可能因為這樣就來這裡上班？」

強老大沉醉在華格納《Gotterdammerung 諸神的黃昏》的女高音中，緩緩道出：「妳想不到Evan就是那個交換女學生吧！」

歌劇正好演奏到最後一幕：「火光中可以看到諸神聚集在神殿中，神殿正被火漸漸的吞噬。」

北海第四洞：識途老馬的一洞，這個洞有個特色，它是個左狗腿洞，大約左轉近四十度，開球時看不到果嶺，擊球要有好成績必先了解其地形，通常該球場的常客會打得比較好，整個攻擊策略如同強老大的第十三條投資法則：**「只做自己熟悉的市場。」**

國信理財中心的會議室裡面擠進了十幾個理專，除強老大、Rick與Evan外，剛好有十個女生，國信上上下下稱她們為「十大金釵」。一周一次的檢討會議是各個理財專員嚴酷的挑戰，新人淑惠抱怨道：「我們的工作十分顧人怨，不是被掛電話，就是被當作詐騙集團，幾

個月下來很吃不消！」

　　強老大淡淡回答：「妳每個月領獎金時怎麼不會吃不消呢？我們公司的獎金已經同業最高了，以後別在我面前提到抱怨的話！」

　　強老大話鋒一轉，對著剛畢業的小如說：「我上次丟給妳那位歐老太太的case，妳怎麼會賣給她※富美國債券基金，妳有沒有腦袋！我不是叫妳賣她大師六號保單連結式債券嗎？」

　　小如天真的回答：「報告強主任，因為歐老太太已經70歲，那個連動債期間長達十年，不是很符合她的個人理財需求，70多歲人不一定還能活十年。」

　　強老大冷笑：「我們在座沒有一個人會在國信待上十年，我們公司推銷那個連動債的佣金比較高，妳賣那個**富基金，**富根本不付我們公司一絲的代銷費用！」

　　強老大用嚴厲的眼神瞪著小如繼續說：「客戶能不能活十年，需不需要什麼理財規劃，關妳什麼鳥事？記住，永遠要賣我們賺最多的商品，編個謊言去叫歐太太解約，改買大師六號。」

　　強老大有點生氣地說：「我好不容易到油畫拍賣場挖到的一頭老肥羊，被妳搞砸，她不買十年連動債的損失從妳的薪水扣！」

　　小如不服氣，嘟嚷著嘴唸唸有詞：「這與搶匪有什麼不同！」

　　強老大起身，冷冷的丟下一句話後離開會議室：「搶匪沒有佣金可以領！」

　　林董的小白球不小心掉到果嶺旁的草叢裡面，按照高爾夫球規則，這種無法揮擊的球是取出來罰一桿，只不過很多球友會偷偷把球拋出來，當作沒這回事後繼續打；在球場的這些小細節，往往可以看出一個人的自我要求高不高，強老大看到後心知肚明、裝作沒看見，原本以為林董會神不知鬼不覺的把球偷偷移開，沒想到林董居然大叫

北海球場

一聲：「罰一桿！」

　　然後面無表情的繼續打，強老大心想，這個大老粗竟然有這麼光明磊落的行為，對著林董講：「我以為你會偷偷的把球挪開，沒想到你這麼誠實。」

　　林董得意的說：「如果我不坦承，你會不會檢舉？」

　　強老大老練的說：「絕對會！」

　　因為強老大深知巴結客戶的關鍵，每個人總有一些偷雞摸狗的行為，拍馬屁絕對不能拍到這些事情，否則客戶內心會以為你在笑他，一些菜鳥理專甚至其它行業的sales只會一味奉承，這不是做生意的好方法。

　　北海第五洞，變化起伏最大的一洞，從開球台出去是一個大下坡，約250碼外再來個九十度大左轉，左轉後變成是一個大上坡，非常具挑戰性，這個洞可以拼到底也可以保守應對，但多數球友會選擇放手一搏，否則一路保守地擊球，到底還有什麼打球樂趣？只是要知道拼球的後果與如何處理第二桿以後的風險，了解到擊球風險後不妨全力發揮；這個洞饒富人生與投資的精髓。

　　強老大從這裡悟出第十四條投資哲理：**「市場震盪時更該了解風險，勇於面對。」**

收盤後的人生

　　「『國信卡是你最死忠的朋友』這句太好了，很符合我們銀行的特色。特別是後面的那一段：『幫你實現夢想』那句話。」添總對喧嘩廣告公司創意總監說著。

　　廣告公司創意總監回答說：「這可以幫你們銀行吸引人來辦卡，我在廣告裡面加了許多甜美的包裝，告訴客戶想要達成夢想，我們都可以幫你！甚至七老八十的人，都可以透過現金卡來圓夢！」

　　廣告公司創意總監繼續講：「有消費者真的覺得自己有很多夢想要圓，它是我最麻吉與死忠的朋友，然後就會跑來辦卡！」

　　強老大看完廣告母帶：「靠！你真的比我會騙人！只是，這樣推下去會有許多後遺症！」

　　強老大接著說：「像那一段年輕人組樂團的廣告會有效嗎？」

　　創意總監回答：「這些是我們公司的社會心理分析師作過的研究，現在的年輕人要的就是那種組band很屌的感覺，覺得自己像五月天、周杰倫，但又不願意也沒耐心真的去苦學樂器，就好像年輕女生買LV，她們只是羨慕那些貴婦，自認為有那樣的氣質，但也不肯認真培養自己的內涵，以為提個包包就有那種流浪詩人、漫步法國香榭大道的虛無感！」

　　添總拍著強老大的肩膀道：「你配合這些宣傳盡量去衝，把我們國信的消費金融市佔率做大，對未來改制成商業銀行甚至金控比較容易，到時候金控執行長的位置就由你來坐。」

　　強老大有如看到血的鯊魚般露出貪婪的微笑。

　　洞口的推桿距離都差不多，林董提議說：「這洞我們來抓推桿，

一人五千元！誰能一桿推進洞就全贏！」

羅蘭距離最遠必須先推（果嶺上推桿的先後順序是離洞口最遠的先推，最近的為最後推），他面對的是一個下坡推桿，這是果嶺上最難的地形，常常輕輕的一點力氣，球就滾得老遠，羅蘭想放棄似的隨便推，當然球滾得老遠；接下來強老大似乎很客氣的沒讓球進洞；第三個推的是林董，他屏氣凝神專注於球洞，計算著果嶺的坡度變化，以及草的紋路與生長方向，面對的是上坡推桿，深知要將球推進洞的秘訣：「No over, no in」，出手的力道要大於所需的進洞力氣，如同他的生意，要達到100分就必須付出120分，毫無僥倖可言；林董的手臂如鐘擺一般順勢一擊，「咚」一聲球進洞，只剩下拉朵沒推。

北海球場第六洞：極度詭異的一個挑戰，首先發球台與果嶺的風向是不同的，因為它中間剛好夾著一個山谷（下面是核電廠）；此外目測的距離、坡度與實際地形有極大落差，果嶺上旗竿的位置常令人有錯覺，眼花瞭亂的程度有如強老大的第十五條投資心法：「**我們所相信的和親眼看到的，常常都是錯的。**」

三年後澳洲大堡礁（Great Barrier Reef）外海的漢彌頓島（Hamilton Is.），Rick與Evan坐在Twilighting sailing的船上，Rick慵懶的躺在甲板，Evan開了一瓶93年的香檳王（Dom Perignon）倒了一杯遞給Rick：「這瓶是強老大送給我們度蜜月的禮物！」

Rick望著被夕陽染紅的的海洋並指著遙遠的Banjo港口說：「妳還記得十五年前，我們啃著吐司麵包坐在那個港口邊，看著一艘艘的遊艇進進出出，你向我說未來有錢一定要租一艘船，頂著微弱的夕陽航

向外海嗎？」

Evan濕潤著雙眼：「我們爲何會蹉跎十五年？人生如夢，我好像曾經夢過現在的景致！強老大真有心，硬是把我們的往事給找出來！」

Rick意有所指：「這三年我幾乎把老東家金控的客戶都挖過來，強老大想做的事很少做不到的，妳等著看吧！蜜月後回去上班，好戲就要上演了！」

拉朵的球距離洞口很近，尋常球友都可以輕鬆一桿推進，但林董推進在先且有兩萬元的賭注，打球與投資很像，盤面壓力來臨時，往往會模糊視線，連簡單的常識問題都會被複雜化，很多球友打球若加點賭注時往往會失常，好像2002年美國公開賽最後一洞的果嶺上，南非名將古森只剩下10呎推桿的距離，而且還領先對手三桿，10呎的推桿只要兩推就可得冠軍，幾乎是絕大部分球友，甚至新手都辦得到的簡單技巧，偏偏古森是第一次如此接近四大賽（另外三個是名人賽、英國公開賽、PGA錦標賽）冠軍邊緣，竟然緊張到連推三桿才進洞；世界名將都會犯下緊張的錯誤，更何況一般人呢！

拉朵一出手，一如強老大所料，球還沒到洞口就先停下來了；人遇到龐大壓力時往往會選擇退縮與保守，打球如此，人生更是如此。

北海球場第七洞，這洞大概是最無趣的一洞，除非是這個球場的常客，否則很少會對這個洞留下深刻印象，正因爲如此，這個洞變成球友間的社交洞，或者也可以稱爲閒聊洞，往往令人失去警覺或趣味，球友在這一洞的成績也就跟著下滑。

強老大第十六條投資法則：「上漲七天、下跌七天、盤整百日。」

林董高興地數著上一洞所贏來的一萬五千元鈔票，簡直樂不可支，而拉朵與羅蘭在一旁鐵青著臉。高球場上有個奇特、令人不解的現象，許多球友明明就是日入斗金的老闆或者身價不斐的田橋仔，但經常會為了幾千塊甚至幾百塊的球賽賭資鬧得面紅耳赤，更離譜的是，曾經有兩個一起創業成功的合夥人，為了區區一千塊錢的推桿賭金，不惜撕破三十年同學兼創業的革命感情。

　　林董話鋒一轉對強老大說：「看到鈔票才想到我的五家直營店與近百家加盟店每天收的現金，現在常常有帳目不清的問題，還有上半年一共被搶三次，按因良！那家三商銀銀行說我們不是公司行號，所以一直沒辦法來店裡收現金，看我不起！」

　　強老大打蛇隨棍上的說：「那家銀行是有名的公家銀行，你怎麼會找他們？」

　　林董無精打采地講：「哇那ㄝ哉！你別看我請那麼多人，其實我請不到有經營概念的人，上百家店瑣瑣碎碎的事都靠我一個人打理，像拉朵與羅蘭，他們都是總舖師出身，料理鴨肉一流，其它就沒有辦法了！」

　　強老大自信滿滿、拍胸脯說：「放心！我們國信派十二台運鈔車配合保全與行員，每天晚上10點到12點輪流到你北部與南部的七、八十家店去收存款，這樣你就不怕搶了。至於帳目不清會被夥計卡油的問題，林董你聽過POS嗎？」

　　林董眼睛一亮：「那是蝦米哇糕？」

　　強老大回答說：「那是一套系統，你的店員用一台好像手機的機器替客人點菜，點完後該收多少錢立刻可以進去店裡的電腦，你幾十家店的電腦現金資料又可以立刻跑到你的個人電腦，另一方面也跑到

收盤後的人生

我們銀行的電腦裡面，我們運鈔車去收現金後，我們的行員立刻將店裡的存款輸到電腦，這麼一來，你所有店在關門打掃的時候，你的電腦就可以和我們銀行的電腦去對帳，你睡覺前就可以知道今天所有店做了多少生意，你也可以立刻知道有哪些店的帳目不清。」

林董睜大眼睛說：「看！這麼方便！」

強老大繼續說：「不只這些，當你所有的店關門時，你可以打開電腦看哪家店什麼東西賣得好、哪家店的鴨爛佛沒有庫存，你的屠宰場與鴨寮就立刻知道今天該殺多少隻鴨，該養幾隻鴨了！」

林董立刻陷入沉思，連這一洞打了幾桿都沒有心思去計算。

北海球場第八洞：穩死的一洞，此洞障礙重重，很少有人可以開球時把球擊到比較好的落點，第二桿面臨的挑戰更大，常有球友在這一洞抓狂，如把球打到水池裡面，其實下水不過罰一桿，而且可以到距離果嶺比較近的地方，選擇一個好擊球的位置做拋球動作（球入水池後在水邊一根球桿距離的地方，向後將球置於一個你喜愛的球道位置上）就好了，但偏偏就有人不信邪的原地重打，反而越罰越多桿，這與投資領域的道理一樣，強老大第十七條投資心法：「**輸了就認了、別讓損失擴大！**」

「蝦米！寵物卡？」Rick相當吃驚。

強老大自信滿滿的說：「沒錯！我們國信的現金卡市佔率雖然已經攀升到第三名，但是大家都沒想到那只是人的市場，沒有人考慮到寵物狗狗的需求！」

Rick狐疑地問：「會有狗來辦嗎？」

強老大回答：「這你就不知道了，現在都會人的心靈十分空虛，把寄託放在他養的狗上，這種人欠卡債，你叫那些催收業者去他家噴漆，用電話騷擾種種方法都沒辦法逼他還錢，一旦以他的狗做動產擔

保的話，男的去當藥頭女的去搞援交，都會想辦法籌錢來還債！」

　　Rick繼續問：「先不論這樣有沒有走偏鋒，寵物的主人為什麼要來辦卡？」強老大說：「我們可以跟一些業者做異業結盟，如推出卡狗狗免費健診、二十四小時免費卡狗狗問題諮詢中心、一年兩次免費卡狗狗SPA、跟旅行社合辦卡狗狗聯誼旅行團、五星級卡狗狗飯店免費招待券、卡狗狗星座運勢免費語音服務、卡狗狗理財投資論壇免費講座，還有……。」

　　Rick打斷強老大的話說：「夠了，我有點聽不下去！」

　　Rick總覺得強老大在推雙卡時有點走偏鋒，不過也深知強老大的為人就是如此，跟著強老大來國信三年多，覺得強老大變多了，以前那種咄咄逼人的氣勢已經不見了，但是對工作的狂熱程度可是一點都沒改變。Rick心想，反正強老大幫他圓了這生當中最大的缺憾，即使意識到一場腥風血雨的大爭鬥即將展開，Rick比較care的還是今天晚上

立益球場

收盤後的人生

Evan要燒什麼菜給他吃，以及Evan肚子裡三個月的小生命，到底是男是女？

強老大看Rick心不在焉的樣子，拍了拍Rick的肩膀說：「你是在想快出生的小孩吧！」

Rick點了點頭，流露幸福滿足的神情。

自從國信跨區到北部經營以來，添總除了網羅一批像強老大、Rick等市場能手幫他打下北部的江山外，也憑藉南部綿密的政商人脈而與當今政壇的當權派過從甚密，國信三年的EPS也年年維持三元的水準，儼然有金融界明日之星的態勢。而強老大過去在金控的一些人脈又陸陸續續回籠。

強老大對Vivian說：「以前金控那群蒼蠅部下，現在又認為我好像會東山再起，一個個瞞著老東家每天約我打球吃飯。」

Vivian：「聽說他們金控準備要出售，日本大股東本身有些危機，想賣掉股權將資金匯回日本救母公司。」

強老大說：「難怪他們那幫人個個人心惶惶，屎哥啦、Lisa天天要約我吃飯。」

強老大嘆一口氣說：「我也四十歲了，對於過去種種反正也看淡了，我比較擔心妳，三十出頭，如果有好對象也該替自己打算了！」

Vivian愣了一陣子，眼眶紅潤衝出銀行大廳。

北海第九洞：考驗體力的一洞，常打球的球友都知道最後一洞的關鍵：體能。不論你的球技多好、不論你前面十七洞打得多棒、不論第十八洞是簡單還是困難，最後一洞唯一的挑戰就是自己，強老大打球與投資多年最重要的體會，也是十八條中最重要的一條投資原則：

「投資致勝的唯一要件──身體健康。」

林董興奮地對強老大說：「這個POS好用，你怎麼到現在才告訴我，快幫我介紹有哪一家公司在做POS的。」

強老大老神在在的說：「我們銀行有一個大客戶瑞豐捷科技就專門在做這個，我可以幫你介紹。」

強老大算一算今天打球的成績：林董的個人理財幾千萬、薑母鴨店存款又幾千萬，幫POS的陳董拉了兩千萬的生意，陳董一定會回饋他們公司的信用狀押匯業務給我們，今天真是打了一場好球。

打完球四個人正在享受陽明山的溫泉，啜飲日本大吟釀，強老大的手機突然響起，Vivian打來說：

「大事發生了！添總與財政部發表聯合記者會，國信決定收購日本四菱商社的股權入主金控！」

強老大完全失神：「難道是我們以前老東家金控？」

Vivian喘著氣透過電話說：「對！我們又要回去了！」

強老大抬頭望了陽明山頭，心想今年的陽明山不會再下雪了……。

主編臺的一天

　　前方華江橋下和平西路的路口因不明原因導致交通打結，強老大又點燃了一支嘟嚷著戒煙多年的香菸，煩悶的情緒對著手機那端的老婆吼著：「女兒的事情，妳決定就好了，我的工作已經夠忙了，好不容易才爬到總編輯這個位置，女兒要讀什麼科系這種小事，拜託，妳決定就好了！好了，我有電話插撥進來。」

　　強老大看了看來電手機號碼：093*******，一個從未顯示過的陌生號碼，職業上的機靈告訴自己，這一定是通有玄機的來電。

　　「請問你是《經商快訊》的強總編嗎？」

　　「是的，請問您是……」

　　「我是誰並不重要，我所代表的朋友，有興趣跟你做點生意。」

　　強老大警覺地故意顧左右而言他：「我們小記者沒有什麼生意可以做啦，拉拉廣告衝訂戶而已。」話一說完，連強老大自己聽了都很想笑。

　　「是神群投資團叫我來的，你還記得股票大師這位老朋友嗎？」

　　堵成一堆的車陣終於動了，強老大慎重地將車開到路邊黃線區，啟動警示燈、亮出記者採訪證後停在路邊，交通警察看到這種採訪車或記者證，特別是《經商快訊》這種大報，往往十分禮遇，這種虛榮的自我陶醉對於強老大數十年來的記者生涯，十分的受用。

「等一下有一檔賴熊建設開盤會打到平盤下，你可以研究研究，還有如果你方便的話，早上十一點在美麗華摩天輪前面碰個面。」

強老大翻了一下行事曆：「可是，我們報社十點半要開會。」

對方傳來嘿嘿嘿的笑聲：「你到底有沒有搞清楚狀況，全台灣財經報社，連社長由誰擔任，都是團內領袖決定，要不是你們社長陪總統出訪，今天這攤根本就不必經過你這小咖總編，知道嗎？」

一股厭惡感從心裡溢出，強老大那股媒體人的傲慢完全飆出來：「先生，我不懂你在說些什麼，你若想要投書，本報有讀者信箱。」心想搞不好只是耳聞股票大師與自己的一些秘密，而想來勒索分一杯羹的小文化流氓罷了，強老大縱橫報業數十年才不怕這種角色呢！

掛斷後，強老大又重拾了那種記者欺侮小老百姓的快感，這種快感幾乎也是每位媒體人在新聞學院中必修之課程，因為平面媒體編輯的第一守則：**「報紙很大！」**

三十秒後，一通從東加王國打來的電話劃破強老大車中那股演奏歌劇的寧靜。「強總編，請你搞清楚狀況，上次那位股票大師給你的股票，別以為神不知鬼不覺，我只是不想點破，還

↑淡路島夢舞臺之奇跡之星植物園

237

有你幹上總編的交接典禮後，我急著趕到機場陪總統出訪，忘了跟你談有關神群投資團這個大家庭，幾家大報的社長與總編都是當然的團員，你就配合那位嘿嘿嘿先生吧！不說了，總統好……。」遠在東加海邊的社長匆忙的收線。

強老大嚇出一身冷汗，打個電話給嘿嘿嘿先生再確認一下約會事宜，態度立刻轉變，因為媒體人的第二條守則是：「老闆最大、金錢第一。」當兩者相抵觸時，那一定是搞錯了，因為報社老闆與金錢是從不抵觸的。

看看手錶，回去報社大概也會來不及，乾脆將今天的行政會議延到下午兩點。

打個電話給廣告組的Vivian吧，這個剛畢業的業務菜鳥，每天黏著自己不放，沒辦法，這年頭報紙的廣告越來越難拉，業務菜鳥除了仰賴像他這種有人脈又沒業績壓力的高級主管以外，似乎也沒有其它方法可想。

「Vivian！妳人在哪裡？」

「原來是強大總編，救命啊！我這個禮拜的廣告業績還掛零，幫幫我嗎？」

「我中午帶妳去見賴熊建設的趙sir。」

Vivian嗲聲嗲氣地說：「是那位廣告的超級大戶賴熊建設嗎？可是那家的廣告已經說好一天就全版一幅、半版一幅，而且那家賴熊建設是廣告組劉大姐的客戶……。」

強老大回答：「賴熊建設會跟我們追加全版廣告一幅，而且會用關係企業遠鄉實業的預售屋再刊上一個月半版。」

Vivian興奮之情，連隔著電話的強老大都感受到了，強老大繼續

說：「那我們十點到大直那家高爾夫練習場門口碰面，然後找一個安靜的地方聊一下廣告與妳的佣金。妳對大直比較熟，有什麼合適的地方嗎？」強老大挑了挑眉毛的問著。

Vivian上道地回答：「練習場旁邊有一家北台戀館，還蠻適合開會與用腦的。」

強老大很胖，而且渾身堆滿一層又一層滿是脂肪的肥肉，除此之外還長著許多紅腫的濕疹，尤其是陽具到腰際之間，但比起肥胖與渾身汗臭不愛洗澡外，強老大還有一個更大的缺點：「間歇性不舉」。

「你們廣告組的那位劉姐，就是過了河就拆橋，七、八年來我把手上所有的大咖客戶都給她，媽的！現在我稍微沒有以前那麼硬，叫她用點心思幫我口交吹一下，就他媽的嫌我髒。」

Vivian應和著：「強總編你這不是髒，是有男子氣概，別講劉姐了，總編你壓力太大了，你只要乖乖地躺在床上不要動，其它的通通讓我來就好了⋯⋯。」

Vivian一邊看著強老大，一邊以靈活的舌尖不斷地繞圈，一抹淡桃紅色口紅的雙唇施了恰當的吸吮力道，不一會兒，尾椎一陣酥麻和著Vivian委屈的淚水與口水一古腦兒全部噴出。

「哈！好痛快，真不愧為本報後起之秀！」

強老大一點都不感到罪惡地大聲嚷嚷，其實這也不能怪強老大，這種職業環境，從老報人在上海辦報至今近七十年，就是這樣的文化。

強老大與嘿嘿嘿先生坐在纜車上，沉默與尷尬的氣氛讓強老大不知如何開口，當十五分鐘摩天輪轉了一圈後，那位嘿嘿嘿先生終於開口：「我們再坐一圈吧！」然後用PDA打開看盤系統，並拿起一部黑

◀東京台場徐徐轉動的摩
天輪，是日本年輕人的
約會勝地，也是日劇迷
憧憬的動人場景。而台
北的夢幻境地巨型摩天
輪除了滿足許多人的浪
漫想像，親身體驗一趟
幸福飛翔之旅外，許多
額外的搭乘目的也經常
在狹窄的纜車內上演
著。

Galy 提供

莓機撥通電話：「賴熊建設賣出一萬張。」掛掉電話後拿起PDA給強
老大看，邊說著：「我依約將股價摜到跌停，你看著辦，想買幾張就
買幾張。」

　　強老大狐疑地問著：「您來找我，不只是要展現你有將股票打到
跌停的實力吧？」

　　嘿嘿嘿遠眺著松山機場飛機的起降與下面高爾夫球練習場微小的
擊球人影，說：「這些也不是全部都可以讓你買的，神群團的組織通
常都是單線連絡，特別是你我這種小囉嘍，反正跟著賺錢就好了，當

個隱形的外圍小咖，反而輕鬆自在。」

說完後拿著一臺磁碟機給強老大，說：「裡面有明天貴報的頭版頭條，與三版全版的趙董之專訪稿，還有下週一的頭版頭條，下週二的二版頭，下週三的證券版頭，我都幫你準備好了，你只要負責塞版面、校定與排版就好了。

對了！裡面還有幾個遠鄉實業預售屋廣告的底稿，以及一張開給貴社廣告費的銀行支票六百萬，六百萬能登多久？能登多大？隨便你調整，用完了再來找我。」

兩人走出摩天輪，旁邊打工的大學女學生好奇的壓低聲音跟同事嘀咕：「好奇怪，兩個四、五十歲的歐吉桑，一個胖子一個禿子，一起來坐摩天輪。」

旁邊的同事冷冷回答：「別小看這些中年老男人，我們晚上下課後的援交金主全部都是這種德性。」

打工的大學女學生笑著回答：「對啊！前晚學姐介紹的那個禿子報社副總編，他的小弟弟真的好小。」

「噗！」

「強總編！」嘿嘿嘿離去後又突然跑回來喚著強老大。

「這個是您的廣告佣金，差點忘了。」

強老大拿著薄薄的牛皮紙袋目送嘿嘿嘿向電影院那頭離去後，打開牛皮紙袋，兩張薄薄B4大小的紙：「國華科技股份有限公司普通股」。識貨的強老大曉得這檔是下個月即將要掛牌的興櫃熱門股，眾多人馬已經搶好了下個月所有報紙、週刊、月刊甚至電視專訪的版面與時段，一些檯面上知名財經人物都已經卡位完畢，興櫃價從50元拉到500元，兩張股票在上市後立即賣掉就可以現賺一百萬元。

強老大記者第三守則：「絕不輕易放棄新聞尊嚴，除非它很值錢。」

　　將收到的廣告文案與支票全數交給Vivian，Vivian高興地對著強老大撒嬌說：「我終於可以在著劉姐面前出一口鳥氣了。」

　　強老大意猶未盡地輕輕撩弄Vivian的裙擺後，撥了通電話：「幫我買進兩百張賴熊建設，市價敲進！」

　　晚上九點半，大部份記者的文稿都已經傳進總編輯臺的大電腦中，財經媒體的重頭戲才正要開始而已；抖大的董氏基金會的無菸害廣告文案攤在主編臺上，旁邊會議桌的編輯會議卻坐著六、七個老煙槍，強老大先從不重要的地方版、工商版開始討論起；這些版面本來就屬於沒有讀者的冷門區塊，負責這些版面的編輯，都是那些報社裡面的黑五類（得罪社長或總編輯者、孤傲不收紅包者、與世無爭的家庭主婦型記者、等待退休者與政治立場不正確者通稱爲報社黑五類），通常也無權參與這個編輯會議，強老大隨便更動幾篇稿件的版面位置與改幾個下標就算結束。

　　「那個週日專家理財專欄，到底找了誰來寫呢？」強老大問著。

　　一位剛畢業不久的菜鳥記者阿真仔戒慎惶恐地回答：「報告總編輯，我找了幾位專家，不是嫌棄沒有稿費，就是沒空，請再給我一點

時間，我去找一些很優秀的網路作家。」

　　編輯會議的所有成員用一種彷彿看見外星人攻打地球的吃驚眼神看著菜鳥阿真仔，之後哄堂大笑，讓編輯會議顯得有些詭異與輕鬆。

　　夏副總編用手指阿真仔，捧著肚子笑到彎腰：「找網路作家？這種蠢事你也想得出來，網路族不過是一群半夜睡不著覺的學生或社會邊緣人罷了。」

　　強老大媒體人第四守則：「**騙不了別人的事情，媒體乾脆自己催眠自己。**」

　　強老大用一種長者和藹的眼神拋給菜鳥：

　　「大家別取笑他了，我有三個名單：小攀攀、劉暉樺、瑪爾寇陳，你去問問這三位吧！」

　　阿真仔疑惑地發問：「小攀攀是過氣小豔星，劉暉樺是跑社會與司法線的資深記者，瑪爾寇陳是教美語的，他們有辦法寫投資理財的文章嗎？有點腦袋的讀者可能無法接受。」

　　強老大打了個不耐煩的哈欠，並將證券版次要新聞的標題從撰稿記者寫的「友達明年成長可期」改為「友達傳獲火星人訂單、明年五倍爆炸性成長」，心想管他五倍不五倍，幾百個財務數字總找得出來成長五倍的吧。

　　強老大打斷菜鳥阿真仔的話：「小攀攀不是過氣小豔星，劉暉樺

姬路城

也不是跑社會與司法線的資深記者，瑪爾寇陳更不僅僅是教美語的，他們的身份就是專家，要講財經就變財經專家，要講影劇就成為八卦女王、天王，想談什麼都可以，透過媒體的包裝，許純美都可以變美女，曉得嗎？對了！以後別告訴我讀者有腦袋的事情，翻遍所有傳播學經典書籍與權威研究，還有實際狀況，媒體的讀者是沒有腦袋的，你若堅持只有自己才有腦袋的話，請拉五百萬廣告與五百戶訂戶來瞧瞧。」

　　冗長而單調的會議終於要討論到重要版面的頭條，時間已經來到午夜十一點，一些資深的編輯與記者們都已經來到編輯臺加入會議，甚至連廣告組的同仁都來參與了。

　　強老大盤算著用總編輯的名義強行決定讓自己的那一條賴熊建設登上最HOT的頭版頭條、三版頭條與證券版頭條，頭版版標下著：「都市更新大利多、大台北營建潛在利益九千億」

　　三版頭條強老大下標：「台北造鎮興起，剛果意志證券上調賴雄、遠鄉目標價150元、250元」

　　證券版頭條：「三口鎮林峽市八代住宅風、建案一週熱銷九成」

　　強老大新聞人頭條第五守則：**「沒有渲染一百倍的文字、請勿排上頭版。」**

　　「這樣編排，有什麼問題呢？夏『副』總編，你的那條獨家，我給你產業版中幅與證券二版頭，可以吧？」強老大故意將「副」字提高分貝，宣示這場版面爭奪戰中誰才是老大。

　　夏三蘭副總編的愛將賈文章立刻反擊：「賴雄建設的置入性行銷會不會做的太過火？還有，剛果意志證券上調目標價有書面依據嗎？大台北營建潛在利益九千億的數字根據是什麼？強總編，你有報告過

社長嗎？」

與強老大同派系的產業組採訪主任曾兆堯反擊：「賈文章你和阿真仔合撰的那一篇散熱模組發光發熱，擺明就是炒作那檔明天要掛牌的不能提實業吧！什麼EPS十元？太唬爛了！搞不好你們收了公司派或市場主力的好處吧！」

菜鳥阿真仔哭喪著臉委屈地辯解：「可是我的報導內文沒有這麼聳動啊，並沒寫到EPS十元的預估值！」

賈文章臉不紅氣不喘回答：「拜託！你這個菜鳥，挖新聞也挖不出來，還要我這個版面主編出面，靠自己的人脈幫你補充，你敢說我聳動，明天調你去打電話賣報紙的Call Center，半年後再回來告訴我什麼是聳動的標題！」

菜鳥阿真仔：「可是！我們又沒有求證。」

曾兆堯直接點出報社「不能說的秘密」，大家除了尷尬外，夜半的主編會議添增了劍拔弩張的火藥味。

夏三蘭乾脆豁出去咆哮：「曾主任，沒有證據請不要亂講話，小心我告你！」

強老大曉得這個「不能說的秘密」就是不能說，這個蜂窩要是被捅大了，報社真的要「動搖報本」，強老大事緩則圓的說：「我們不該質疑賈文章記者的操守啦，只是賴熊與遠鄉兩家建設公司對報社的廣告貢獻很多，Vivian，妳向各位報告一下遠鄉實業預售屋廣告今天的業績。」強老大直接跳過廣告組主管劉姐，將業績與功勞這顆球丟給Vivian。

強老大新聞操守第六守則：「**不能提就是不能提。**」

即便到了午夜，Vivian仍舊維持亮麗的妝底，且越夜越美麗，顯

得更嫵媚動人，報社的男菜鳥記者瞪得直吞口水，Vivian沒有發現坐在斜對面的劉姐已經像座滾燙岩漿快要溢出的活火山。

「跟各位報告，遠鄉實業預售屋廣告今天多給了本報兩個禮拜六百萬的廣告，其中……。」

Vivian冗長的業務還沒報告完畢就先被強老大打斷：「好啦！廣告是老大，就這麼決定了。」

夏三蘭冷冷地說：「不能提公司也有幾百萬的廣告，上禮拜已經拉進來刊登，強總編你之前允諾今天與四天後的版面要給我，可別忘得一乾二淨，大家都已經喬好版面，你怎麼交待？」

強老大想到賴熊頭條案的最大靠山：社長，不疾不徐回答夏三蘭：「既然民主程序無法決定版面，我也不想動用總編的職權，這樣啦，由社長定奪。」看著手錶算著台灣與東加的時差，心想社長應該已經起床了。

「社長！我是強總編，不好意思吵到您。」

「不會啦，早就起床了，今天一大早要跟總統與東加總統一起舉辦台灣愛東加路跑啦，哈，好久沒有這麼早起來運動了，有什麼事情？」

強老大將兩個案子簡單說給社長聽，不料正在大夥等待社長裁示之際，電話那頭卻傳來斷斷續續不穩定的收訊：

「好像不清楚……hello……你和夏三蘭決定就好啦……不清楚……我要掛斷了……總統早……。」

遠在東加的社長耍了手段將燙手山芋丟給下屬，一旁的社長太太好奇地問著：「是不是報社有什麼事情？強老大應該搞得定吧！那個夏三蘭處處與強總編作對，我看你趁早把夏三蘭調走吧！」社長夫人

毫不掩飾對強老大的關心。

社長望著東加太平洋上緩緩昇起的朝陽淡淡地說：「讓兩條狗互咬，主人會得到最多的肉。」

主編桌上沉默了一分鐘，劉姐率先發難：「賴熊的廣告一直都屬於我的，為什麼強老大讓Vivian擅自去招攬？」

強老大看著老態龍鍾的劉姐，冷冷回答：「這些廣告不是賴熊建設刊的，業主是遠鄉實業，是新客戶，前天廣告業績會議中就達成共識，新客戶就由大家各憑本事。」

劉姐不甘示弱的說：「同一個集團就該算老客戶吧！」

強老大微怒道：「今晚還有更重要的事情要討論，妳不要讓大家沒辦法下班回去休息，同事都累壞了。」

劉姐心知肚明，十多年前，她就是學Vivian這招與現在的社長、強總編攀上，運用高級主管人脈大賺廣告佣金，只不過當女人驚覺靠美色建立的利益，快要被另一個年輕十多歲的女人取而代之時……。

「很累！Vivian幫你吹喇巴吹得很累，是嗎？」劉姐歇斯底里尖吼著。

夏三蘭、賈文章等敵對派系聽完後哈哈大笑，賈文章故意繼續激怒劉姐的脫序演出：「劉姐，這話可別亂說，人家Vivian年輕貌美，多的是追求者，哎呀，妳就別因為一點佣金的事，傷了同事之間的名譽，這樣啦，我這幾天接洽到一、兩個新公司，就介紹給妳認識吧！對了，妳不用替我吹喇叭。」

夏三蘭見機不可失，打蛇隨棍上的將茅頭對準Vivian：「這個廣告業績應該屬於劉姐的。」

劉姐被賈文章激的把話說死：「強老大你每次跟我上床都不洗

澡，操你媽的，我忍受你好幾年了，還有，你能夠升上總編輯的秘密，還不是我幫你安排你老婆、社長還有我，三個人玩了幾次3P才能升上這位置的⋯⋯。」

強老大火大的忘了自己的身份與時機，回了劉姐：「我需要靠妳？妳這個嫁不出去的老臭屄，要不是社長夫人是我初戀女友的話⋯⋯。」話一出口，強老大便知大勢不妙了。

整個主編室的氣氛已經僵到最高，正當夏三蘭想坐收漁翁之利時，Vivian突然反擊：「夏副總編輯，要扯爛污，大家一起扯！你好幾次叫我幫你介紹學校的學妹跟你援交，連學妹的高中未成年學妹都要搞，你也不照照你那鏡子裡的禿頭，亂搞就算了，好幾次連錢都不願意付，幹！我已經幫你墊了好幾萬塊的白嫖錢，你是要我去向你老婆要，還是讓公司廣告佣金來幫你解決？夏白嫖！你自己衡量看看吧！」

說完後整個主編會議室已經完全陷入死寂，強老大、夏三蘭等人心知肚明，再鬥下去，恐怕會沒完沒了。

強老大率先妥協：「不然這樣吧！頭版頭條還是給賴熊建設，其它三個主要版面的頭條就給不能提吧，而賴熊建設也刊上其它兩個次要的頭條，並在證券版的頭條底下，抽掉其它廣告，用半版的篇幅刊出，明天起連兩天的頭版頭條讓夏副總編裁示，我就順勢請假兩天。」

「遠鄉實業的廣告佣金部份，另案處理，將這個廣告案的佣金提高一倍，劉姐與Vivian一人一半。」

鬥累的人開始做美編與印刷的最後程序，四個小時後依舊將報紙準時送到散戶的手裡，新聞台、廣播電台與網路新聞就照單全收《經

商快訊》的所有大大小小的新聞，尤其是今天幾個抖大的版面頭條，鬧哄哄的號子，大家談論的都是賴熊建設與不能提公司，股價的熱度一開盤就到了最高點，散戶的情緒也high到最高，強老大與夏三蘭一干人等竟然大和解地一起坐在電腦螢幕前盯著股價。

　　早上九點開盤，疲憊的強老大與夏三蘭，待賣股票的成交回報後便各自回家睡覺，嘿嘿嘿先生也將神群投資團的賴熊與不能提持股通通從市場賣給熱情與看報的散戶。

　　遠在東加的社長笑呵呵地看著台灣、東加兩國總統一起慢跑與股票差價，心裡浮現那幅不能提老董給他的油畫，盤算著下一波該如何將大家手上的油畫給炒熱，才能彌補他捐給朝野政黨的巨額獻金；但無論如何，東加美好的清晨讓社長不猶自主地大喊：「總統加油！」

姬路城

收盤後的
人生

　　總統轉身投給這位三不五時就唱衰他的報紙之社長一個不自然的微笑。

　　報紙社長的政治守則：「**與政治人物交往沒有立場問題，只有利益的問題。**」

　　一年後的某個午後，中壢某巷弄內的一家包子店依然人聲鼎沸，Vivian帶著日本客人來買這家紅透東瀛的小籠包店。

　　「咦！你不是阿真仔嗎？」

　　只見年輕老闆驚呼一聲：「Vivian！」

　　「原來這家店是你開的。」

　　「其實是我父親開的，已經快四十年了，我辭掉報社回來接這包子店。」

　　「生意真好，連一堆日本人都指定來吃這家。」

　　「Vivian，你還在報社幹廣告AE嗎？」

　　「你辭掉記者工作後一個禮拜，我也辭了。我現在在帶一些日本歐巴桑美食團，偶爾也帶一些對岸的考察團。」

　　「聽起來好像都沒有報社的收入好，怎麼那麼想不開呢？時機歹歹啊！十桌蒸餃買單，謝謝。」

　　「那阿真仔你為了什麼辭掉記者工作呢？」

　　阿真仔張開一雙滿是油脂肉屑與菜渣的雙手說：「這些比較容易洗掉的。」

　　一點半，收盤了，但與阿真仔、Vivian都沒有關係了；強老大依舊不愛洗澡，反正也洗不乾淨了。

大師很忙

大師很忙

　　入秋後第一個冷氣團挾帶著鋒面將入夜後的南京東路變得十分溼冷，台股盤後大跌三百多點與前幾天FED的調降利率雙重警訊，使得在某周刊辦公室頂樓VIP聯誼會的一群中年男子顯得十分嚴肅，這是個全台灣僅有少數不到二十人知道的秘密定期聚會，我買通了某大師手下一位不願透露姓名的張姓窩裡反成員，幫我錄得了下列開會過程。

　　「都到了吧！」

　　「報告會長，小夫因為去中國華山考察劍術，所以今天由我日月章代替。」

　　「嗯！」

　　「今天有兩個議題，一是無敵鐵金剛公司要在月底掛牌，關於股票分配額度與每個投資理財大師團成員要做的工作。」

　　出貨團謝姓小秘書：「這次這家無敵鐵金剛公司一共要配銷檯面上12000張，檯面上10000張，分配計畫如下……。」

　　謝小──秘書還沒說完，眼觀鼻鼻觀心激動大師拍桌叫著：「你是什麼東西，不要以為你的名氣最大，說穿了不過是個充當人頭的中老年沒人氣主播，憑什麼分配額度？」大師氣呼呼的雙手握拳、臉爆青筋，一付想對謝小秘書噴出興奮的活水狀。

　　謝小──秘書不甘示弱頂回去：「你還敢說，要不是你心狠手辣地逼你的戰友總小華與昔日同事郭小豹走向與我們對抗之路，我們大夥的利益也不至於減少八成，害得新股與小型股票都沒有散戶敢跟，成為票房毒藥，使得大家被迫轉型去搞大夥都狗屁不懂的油畫出貨

業。」

　　謝小——秘書用那雙飄浮不定的眼睛瞪著眼觀鼻鼻觀心激動大師，眼觀鼻鼻觀心激動大師則不甘示弱地緊握雙拳，劍拔弩張的神態為新股額度分配增添些許緊張與難度。

　　第五號成員——某PDA大廠監察人打圓場：「好了！大家同為同電視台同節目的成員，就不要鬧了，我相信會長大哥會做一個更佳的分配，但是我與我們PDA手機大廠的董事長那邊，這次最少要拿到3000張，否則，你老師卡好啦！兩年來我們PDA手機大廠將訂單的單價比行情往上加四成，才造就這家無敵鐵金剛公司今年的EPS高達五塊，你們出一張嘴就要幾千張，會不會太貪得無厭？」

　　會長有點生氣地頂了第五號成員：「不然拉倒，我們幾個雜誌與幾家報紙絕對有辦法將你們集團寫成地雷公司，還記得你們集團那家阿華達去年前被我們一群人寫到股價從220跌到60元，還引起檢調去調查吧！你以為檢調吃飽沒事幹專辦這種內線案嗎？」

　　第五號成員某PDA手機大廠監察人：「別往臉上貼金了，你們的斤兩不妨自己去秤秤看，三個月前集體促銷那家你能提我不能提的出貨大戲，哈，裡子面子全失，不僅股價沒行情，還被散戶當成反指標，股價腰斬後再打折，不能提的臉全都被你們丟光了。」

　　眼觀鼻鼻觀心激動大師：「那都要怪那位總小華扯大家的後腿。」

　　第五號成員——某PDA手機大廠監察人：「那簡單，我跟這家無敵鐵金剛的老闆直接去找總小華談不就得了，幹麻受你們的鳥氣，好不容易這兩年養了一家公司上市可以來宰一宰散戶，賺它個五、六億的小老婆本，卻要分你們一半，我直接拿五千萬給總小華叫他幫忙不就成了，聽說他現在被稱為散戶救星呢！」

　　在座的一些年輕成員與小嘍囉們發自內心不約而同說著：「總小

華是救星！總小華是救星！」

　　會長鐵青著臉看到這一幕，想起當他那萬年國會議員的老爸在野百合春天所受的屈辱，會長內心澎湃洶湧地吶喊著：「絕對不能再讓這些改革派來侵害我們的權益！」

　　會長三代榮華富貴，政治上的特權與暴利隨著解嚴與政黨輪替遠去，但幾年來靠著綿密的媒體與政商所建構的「台股戒嚴」仍舊牢牢不破，他了解媒體的重要性，藉著利益分配讓媒體加入他的出貨秘密王國，培養一代一代的名嘴來闡述戒嚴並掩蓋出貨真相，這一切一切都被眼前這幾位最近四年來才培養的名嘴破壞殆盡，連他都一度想要找總小華與郭小豹合作，但……。

　　會長恢復了他不疾不徐的一貫修為：「總小華你買不了的，我叫幾位黑道大哥去找他喝茶，他就會嚇得閉嘴了。就算你買得動也沒用，而且如果不跟我們合作，我會動用關係讓這家無敵鐵金剛公司延遲掛牌，不相信請你試試看。」

　　會長拍了拍手，右邊牆上的布簾被打開，一面透明大玻璃出現，玻璃窗後的另一個吧台式大廳，坐著四十幾位衣冠楚楚、風度翩翩的男男女女，正在享用空運進口的高級近江牛與南澳深海的大龍蝦料理，喝著一瓶瓶的2000年份法國木桐酒莊的紅酒。

　　「很面熟吧！」

　　坐在角落的無敵鐵金剛公司老闆與財務長吃驚叫著：「怎麼可能！」

　　面露微笑的會長說：「貴公司要掛牌、要承銷掛牌，所需要蓋的印章，有一半以上正坐在隔壁，還有上次辦你們另外那家阿華達的調查局相關官員恰好也坐在吧台喝著大吟釀呢！」

　　第五號成員——某PDA手機大廠監察人見形勢比人強，只好示弱地說著：「配銷額度一切由會長定奪。」說完鐵青著臉坐著，再也不吭聲。

　　所有出貨團成員默默聽完股票分配額度。

　　會長接下來說著：「再來，各位在未來兩週會特別忙碌，我一一分配，扶著獅子輪子的磐堅石頭會！」

　　「有！」

　　「我不管你們搞了多少出貨會，下個禮拜弄個什麼十大傑出企業家或青創楷模，或者請政府的張院長設置一個愛台灣根留台灣商人獎好了，總之，能弄多少獎就弄多少獎。」

　　「Yes sir！」

　　「還有，反正現在選舉快到了，請兩大黨的候選人去無敵鐵金剛公司露臉造勢！」

　　「可是現在藍綠分明，這樣會得罪另一方選民。」

　　「靠爸！是哪一個豬頭問的？」

　　原來是我的好友：張姓窩裡反分析師問的。

　　「藍色候選人拜訪的新聞就放在藍報，綠色候選人的拜會就放在綠報。」

　　「謝小──秘書、日月章與眼觀鼻鼻觀心激動大師，從下下週起一連三週，你們的兩個電視節目、兩個報紙專欄與三份周刊，無所不用其極拼命地寫，篇幅越多越好！」

　　有點搞不清楚狀況的日月章回答：「可是這樣又會像上次你能提我不能提一樣遭到網路作家破壞。」

　　會長不耐煩的吐了他一口煙後說：「沒效！哪天你們沒效以後，你們幾個名嘴就回家吃自己吧！憑你們那種三腳貓功力要靠投資養活自己，下輩子吧！」

　　會長板起臉孔說：「是金光黨人數多？還是我們新股出貨團人數多？」

　　「當然是金光黨。」謝──小秘書等三人一起回答。

「是金光黨的利益大？還是我們新股出貨團大？」

「當然是我們！」謝──小秘書等三人又一起回答。

「相信金光黨的笨蛋多？還是相信我們新股出貨團的散戶多？」

「當然是我們比較多。」謝──小秘書等三人又一起回答。

「那這樣還怕什麼郭小豹、總小華！」

「想到什麼廣告詞了嗎？眾大師們。」

眼觀鼻鼻觀心激動大師得意洋洋、搖頭晃腦地唸唸有詞：「鐵金剛董事長榮獲中華民國青年創業楷模，是一位相當低調、沉穩、專注的優異企業家。真正能持續長青的企業必然是在管、銷、人、財、研發各領域充分配合下完成。其實這也不就是投資氣長之路的內容嗎？不管在產業觀察、財報分析、生活領域、人性思考等方向，從全面關照的角度出發，鐵金剛贏得比賽之路就在不遠處了。眾聲喧嘩之投資者請跟著我一起向無敵鐵金剛勤奮的CEO請益。」

會長在煙斗補充了古巴最新年份的煙絲，轉身望著身後窗外遠方的晶華酒店，緩緩的宣佈散會，走到門邊回頭向大家說了：「各位大師們！你們會很忙！」

↑倉敷美觀的老街上竟然有家券商，門口就寫著一些解盤分析，旅遊的趣味處處可見。

圖書館暗夜驚奇

西元2045年。

台東太麻里鄉立圖書館，由當地天主教浸信教會與地方人士排除萬難所蓋的一棟克難式圖書館，建立於2030年冬天，外牆因經費不足而早已脫落大部份，露出了一道道的壁癌，裡面的藏書更因為經費拮据無法經常採買，而顯得十分稀少。坦白說太麻里一帶的人口也幾乎移到高雄、台北，甚至於中國的上海、天津等地，除了一年一度的「每年第一道曙光」或一些觀賞慧星與天體星球的熱鬧活動外，絕大部份的時間，沒有多少外地遊客，更遑論到這座老舊不起眼的小圖書館。

尤里‧西拉是一位住在當地的原住民青年，嚴格的說，應該是當地的越南女子與當地人所生的一位大眼濃眉、二十歲出頭的混血兒，幾十年前政府過度開放外籍新娘來台後，太麻里周遭的地區幾乎找不到真正的純原住民與純漢民族的後裔了，他與大多數台灣底層人物有著類似的典型遭遇，尤里‧西拉的父母早已離異，媽媽不知去向，爸爸為了工作長年在中國青島、台灣新竹等地打零工，他完全是由阿嬤帶大。難得的是，尤里‧西拉是個十分孝順的孩子，當國小、國中、高中同學紛紛離開家鄉到西部大城工作定居，尤里‧西拉為了照顧已染重病的七十多歲阿嬤，留在這活了二十年的家鄉——太麻里。

尤里‧西拉的阿嬤就是這座圖書館的清潔人員，從圖書館甫成

立便進來服務，直到兩年前終於做不動，厚著臉皮跟太麻里鄉長要求讓孫子接下清潔工的差事後才退休；其實這圖書館也沒有多少經費，付不出太多工作人員的薪水，所以尤里‧西拉必須身兼清潔、管理員與保全等工作。這座圖書館真正的擁有者並非鄉公所，鄉公所不過是受託代管的機構，尤里‧西拉從阿嬤口中得知，好像是個來自台北的神秘基金會，每年藉由太麻里農會的龐大孳息維持整個圖書館的運作，每年年底就有一個律師事務所的經辦來這裡查查帳目、看看收支等等，那位經辦似乎是一般受薪的上班族，尤里‧西拉看過他兩次，好像只是帶著老婆小孩來台東玩，旅遊才是那台北人的正事，查帳不過是隨便蓋章了事，鄉公所的官員也樂得輕鬆，反正大家靠著這筆孳息，搞些小小的假公濟私，如鄉代會代表家裡小孩的參考書、訂的報紙雜誌，種種不登大雅之堂的A錢小把戲就心照不宣。

　　尤里‧西拉對這事情也心知肚明，他的哲學就是做好自己該做的事，不該自己出頭的事情也就視而不見，畢竟在這窮鄉僻壤能掙到一筆不輸大都市薪水的工作已屬不易。

　　每天做完清潔，晚上六點館長下班後，就輪到他的保全值班工作了，說穿了，圖書館哪有什麼保全工作的需要，不過是鄉代會看上他阿嬤選舉的動員能力，而做的一個互利式的樁腳回饋而已，聽說尤里‧西拉的前一任保全，每天晚上都在館內喝酒喝到天亮。

　　今晚尤里‧西拉一如往常關上大門後，跑到交誼廳打開電視，光纖控制器射出影音光束，雖然比起40年前的硬體設備已經先進許多，但節目內容依舊貧乏，政論、灑狗血、兩黨為了海峽兩岸的問題打了五十多年來的第三千四百三十七次架……。尤里‧西拉愛看的「消失的生物」今晚停播一次，百般無聊的到圖書室閒晃，天花板閃爍的

收盤後的人生

CCFL頭燈今晚有點故障，一片光藕合器掉在地上，尤里‧西拉彎腰去撿，剛好看到了最底排書的其中一本，他從小走了這圖書室幾千遍，以前完全沒有發現這本書，不過由於那個角落被桌腳與樑柱給掩蔽視線，如果有一、兩本書沒被翻過，其實也沒什麼了不起。

　　尤里‧西拉從邊邊角落的書架底層抽出了這本書，他先將光藕合器裝好，拍拍書上厚厚的灰塵，心想這本書大概很久沒人借了，他拿出隨身的微型電腦刷著書底的條碼，螢幕上顯示著：

入館日：2030年12月8日

借閱記錄：NONE

本館藏書：2999本

本書一共印製：三千本

出版日：2030年7月7日

　　尤里‧西拉覺得十分訝異，這本書印行的所有書量通通在本館的倉庫，當然他也知道地下室的倉庫放了幾萬本老舊書籍，因這個圖書館的捐贈人神秘基金會有明文規定：不得丟棄與銷毀任何藏書，所以倉庫內一堆有如垃圾般的舊書一直是太麻里圖書館很棘手的問題；尤里‧西拉好奇的看著書名與作者：

書名：金色巨塔（三）

作者：強老大

　　太麻里鄉立圖書館正確的位址應該位於金崙溫泉的廢墟上，自從西元2028年那場「大災難」後，整個溫泉區的幾棟七星級旅館如阿曼、加賀屋等等都已成廢墟，至今偶而仍可尋找得到當時的廢棄建材、招牌的碎片，在金崙溪的上游處，據說還可以找到被當年溫泉地

熱水長年侵蝕的痕跡，圖書館座落於那棟蓋到一半的阿曼七星級旅館遺跡的北邊四百公尺處，若對照老地圖來尋找的話，就是五十年前「賓茂國小」的原址，而尤里‧西拉的阿嬤就是這所國小的最後一屆畢業生。

　　尤里‧西拉看著手腕上的「光節能手錶」（註：一種用玉米粉末加上蝕刻過的微型IC銅箔，抹在手腕上，即可運用日光、月光、星光與所有人工光源，產生運轉的動力，在人類的手腕上顯現出正確的時間顯影；引用自2043年蘋果iWatch的官方網頁），心想才晚上九點多，於是從地窖中取出一瓶2025 Le-pin紅酒，超過二十年的紅酒，醒酒速度似乎很緩慢，尤里‧西拉邊等酒醒邊翻了《金色巨塔（三）》，這是一本厚達700頁的小說，尤里‧西拉比較像老式的文藝青年，不喜歡將書本轉換成微型顯影投射到自己的眼角膜內，畢竟鄉下地方的眼角膜微型顯影機比較老舊，一個轉換失當就會讓眼睛刺痛個兩三天；對了，這裡似乎要交代一下，太麻里圖書館有個只有圖書館管理員才知道的天大秘密，建築物的B2有間密室，密室中存放著從2010年－2025年間法國波爾多與勃根地的二、三十家知名酒莊合計約兩萬瓶的藏酒，更妙的是，這些藏酒並沒有列在財產清單裡面，也就是說鄉公所與台北那家律師事務所的人都不知道有這些藏酒，知道這個秘密的只有前任管理員、前任清潔員（也就是尤里‧西拉的阿嬤）以及尤里‧西拉，不過兩萬瓶是尤里‧西拉所清點的結果，尤里‧西拉始終懷疑在過去十五年至少被前任管理員喝掉了三、四千瓶。

　　小說一頁頁翻著，尤里‧西拉津津有味的讀著這位筆名強老大所寫的大部頭小說，其實讓尤里‧西拉最感興趣的是書中一些「舊式色情」的橋段，這種老式情色情節的文字鋪陳，比起現在的情境高潮體

驗是含蓄、隱喻與具有一些綺想空間，每次尤里‧西拉看完情境影音IC電影或小說後，千篇一律的36F美女、無所不用其極的淫蕩挑逗，甚至可以用控制IC讓閱讀者直接模擬肉體的快感而達到高潮，但尤里‧西拉相當不喜歡那些現代作品；雖然完全看不懂這本小說中的投資與商業的情節，不過，《金色巨塔（三）》隱喻式的情愛讓他讀起來覺得相當流暢；然而自從2030年台灣當局開始實施「金色恐怖」後，就不允許學校教導官方版本投資學以外的商業知識，除了「財經六法」規定的投資領域以外，不得藉由學術、媒體、網路甚至口耳相傳散佈官方頒布以外的財經知識或報導。難怪尤里‧西拉完全看不懂書中那些財經術語與劇情，這也不能怪他。

半夜兩點，那瓶2025 Le-pin終於甦醒散發出融合栗香、橡木味與充滿泥土芬香的葡萄酒氣，尤里‧西拉再也耐不住嘴饞，急忙抓起酒瓶往嘴裡猛灌，但因為他的開瓶技巧不是很純熟，在開瓶時將半截橡木塞留在酒瓶中，導致喝酒之際橡木塞順勢滑進尤里‧西拉的口中，尤里‧西拉為了不讓自己嗆到，連忙將好幾口葡萄酒吐掉，一不小心剛好吐在小說的第522頁上面，他趕緊取出附風扇的抽取式塑膠衛生紙，想要將書上的酒漬擦乾淨，沒想到紙上卻浮出了一大段文字！

尤里‧西拉嚇了一跳，但他的好奇心還是戰勝了恐懼感，即使現在是半夜兩點，窗戶外的樹葉被風一吹有如鬼魅的身影，尤里‧西拉雙眼盯著字一行一行地浮現在原來空白的第522頁。

「你大概是這本書唯一的讀者，我寫這段話的時間是2031年4月2日……。」

三公里外的同時，有一女子正在爬文寫作：「品嚐Single Malt威士忌的方式和品嚐其它酒類相仿，顏色、氣味、口感都是品嚐過程中需要用心感受的，並且將所有體驗完整紀錄，以便理解相關參考資

料。第一步是欣賞顏色。每一種Single Malt威士忌都有屬於自己的色澤，就連同一酒廠不同年份的產品都有不同的色澤。色澤的產生和儲藏的酒桶有密切的關係，常見的色澤大致以金黃色、琥珀色、棕色三類爲主，儲藏在雪莉桶的偏向琥珀色或棕色，若儲藏在新的波本桶中則偏向黃色，但是也有某些酒廠會加入一些焦糖調色和調味，這是比較不妥的作法，品嚐者可以仔細比較色澤和口感間的關聯性。第二步是聞氣味。……雌雄建設旗下的貿易業上市公司雌雄實業爲一股實酒商，請投資人不要只看浮面的喧嘩。不需墮入凡間、流於媚俗，雌雄實業堅持自己的宿命，無怨無悔的用汗水與一雙腳去探尋台灣基座的生命力量，那才是台灣經濟活水的泉源，這，才是投資。」

雅各正在那張陪伴著她四個月的缺角桌子用力敲打著投影鍵盤，投影在桌上的鍵盤光束一閃一閃的，似乎抗議著這張桌子的老舊與雅各千篇一律之枯燥官方報告；太麻里一帶受到焚風的侵襲，衛星光纖的訊號經常受到干擾，雅各剛到太麻里時，至少不只一次向這間當地唯一的平價旅店老闆抱怨，老闆不但沒有理會雅各的抱怨，反而用不可置信的神情看著雅各，那神情赤裸裸的透露著對所謂「城市鄉巴佬」的輕蔑。

三十一歲的雅各，五個月前結束了一段四年多的婚姻，「不！正確的日子是一千兩百天！」她經常強調這些數字來突顯她的重點。她的老闆四個多月前派她來太麻里當外派觀察員，局裡頭每半年就會派個人到這裡出差半年，這慣例已經行之多年，雅各出發前問了局裡頭一些比較熟悉且來過太麻里當特派員的前輩，沒有一個人能解釋派赴的目的，雅各的主管安慰她說：「反正就當作是到那裡去療治妳那四年多婚姻的創傷。」

「不！正確的日子才一千兩百天！」雅各十分堅持這點。

收盤後的
人生

「兩年前我到太麻里半年，整整吃了半年的金針，痛風就不藥而癒了！」一個令雅各感覺十分反胃的副科長如是說。

雅各讀著太麻里的Google衛星資料：

「太麻里鄉位於台東縣南端，北以知本溪與台東市、卑南鄉接壤，南鄰大竹篙溪與大武鄉為界，西與金峰鄉、達仁鄉兩山地鄉毗鄰，東臨太平洋。全鄉面積96.6522平方公里，人口數約四千人。『太麻里』在清代文獻中稱為『兆貓裡』、『朝貓籬』、『大貓狸』、『大麻里』等，日治初期始稱『太麻里』至今，原住民稱讚為『太陽照耀的肥沃之地』。太麻里鄉位於知本溪至大竹高溪之間的沿海沖積扇上，其中以太麻里溪出海口的三角洲最大。往太麻里的途中都有美麗的海灣相伴，千禧曙光、金針花海、金崙溫泉、釋迦王國、排灣族文化……，這些特色使太麻里四季皆美。全鄉自然資源豐富，早年的居民生活以農、漁業為主。

2010年來自新加坡、日本、中國與台灣本地的一些豪華旅館業者陸續在此興建十餘家的七星級全球頂尖旅館，且吸引了國內以雌雄實業為首的開發商到此造鎮開發；2015年間因為全球回教世界發生大革命，以致於東南亞一些渡假島

嶼如Bali、普吉、沙巴、蘭卡威等一夕間遭到回教革命軍摧毀，2015年－2028年間，太麻里漸漸取而代之，成為東南亞地區最具盛名的渡假勝地，同時台灣政府也斥資興建了北麻（台北－太麻里）與高麻（高雄－太麻里）兩條高速鐵路。

2028年的太麻里受到台灣財經界少數不肯叛亂人士的刻意醜化與詆毀，導致於當地觀光業一夕重創；2029年政府當局有意重振太麻里的觀光事業，不料卻引來全球與台灣一些擾亂金融與網路的財金異議人士的集結，並藉此地從事違反「金融擾亂法」的不法行為，台灣當局不得不再度停止太麻里的觀光復甦計劃，並宣佈全國實施金融戒嚴，而太麻里被定為一級戒嚴區。」

雅各想要繼續閱覽「延伸閱讀」，不料電腦螢幕上卻顯示：「你無權作進一步的survey」，並跑出「你將有違反金融擾亂法的可能與風險」的小視窗；雅各暗罵了一下，心想連自己局裡頭的雇員都無法進一步的搜尋，只能看這些官方網頁，一直寫不好那篇雌雄實業的威士忌進口股票利多報告的雅各，只好乖乖跳出Google與局裡的聯合網頁搜索系統。

雅各投宿的旅店通風十分良好，也正是如此，當地的焚風也毫無阻礙灌進房間，悶熱的焚風使雅各感到燥熱難耐，三十一歲甫離婚幾個月的女人，焚風讓她幾乎每晚都得去面對心理與生理的那股原始渴望，它看似在眼前實則在遠方，偶而矗立在眼前佔據了整個左腦，朝人迫近，夜半焚風帶給雅各十足的壓迫感；不！性愛與婚姻是不一樣的，雅各來到太麻里後每晚都可享受獨身的心靈自由，卻也得苦吞沒有性愛的極大副作用；她想起了圖書館的那位夜間值班大男孩，四分之一原住民，二分之一漢族與四分之一東南亞南族血統的年輕身軀，

收盤後的人生

雅各想起了那黝黑健壯卻有漢族高大的模樣，以及他兩天前清楚的不能再清楚的求歡暗示：「妳晚上寫稿睡不著就來圖書館找我，台東的焚風很難抗拒的了！」

　　雅各掙扎了許久，再也沒有精神專注在「雌雄實業」的酒業評估報告，反正這種報告千篇一律，自從幾十年前金融憲法立法後，所有的投資意見就要按照當時幾位投資大師與金色政團所規定的格式撰寫，而所有的納稅義務人都必須依此作等比例的買進，雅各今夜失去了文人的耐性，決定用局裡的制式文章產生器寫出這些繁複的文章；她煩悶地遍尋不到那已經閒置近一年的保險套：「管他的！」她帶著披風灑上一些性愛助興劑後走出旅店門口，穿過金崙溪往河的另一端走去。

　　看小說看得津津有味的尤里・西拉，沒有察覺雅各已經走進圖書館，灑了過多性愛助興劑的雅各早已難耐那四年的貧瘠，看到眼前這位年輕原住民混血兒，從椅後直接將尤里・西拉一把抱住，左手抓著尤里的左手放在自己的胸前，右手伸進尤里的褲子裡。

　　尤里・西拉並沒有被雅各的舉動嚇著，反正過去幾年來，每幾個月就有被焚風與性愛助興劑搞得慾火焚身的女人，半夜跑到圖書館來，尤里・西拉只要在白天給點言語暗示，晚上就會有香豔的圖書館奇遇可以期待。

　　今晚的焚風特別悶熱難耐，尤里・西拉靈機一動，抱起雅各走下地下室那個恆溫空調的酒窖，尤里・西拉把18度的恆溫設定調整成10度以下，並隨手抓了一瓶2025年的「La Romanee Conti」，懶得找開瓶器的情況之下，將瓶頸往牆壁一敲，尤里・西拉灌下一大口Conti後，對準雅各的嘴，飢渴的雅各貪婪地品嚐著2025年的Conti搭配年輕男子

厚濕的舌頭後，兩人很快地把酒窖旁的幾張桌子並攏，雅各笑著：「我第一次喝Conti這樣浪費。」

豪氣但不識酒的尤里·西拉又灌了一大口2025年的Conti，往牆壁噴去後說：「我每天都是這樣漱口的。」

「那你要不要嘗試Conti的另一種喝法呢？」

被酒精催情的雅各含了一小口Conti，拉下尤里·西拉的褲子，和著紅酒吸吮吞吐，之前的悶熱在低溫的酒窖內一掃而空，接著，尤里·西拉老練的操作技巧讓雅各一瞬間就被征服，她那已經打烊三百天的性慾閒置空間，終於在狂野跳空的拉抬之下，得到了噴出的籌碼歸屬。

忽然，正想進入後戲梅開二度的兩人，被一道LED的強光與一陣鈦金屬聲響給嚇著。

被噴了好幾口紅酒的牆壁上突然浮現了一個五十多歲中年人的影像，並傳出了聲音：「請別害怕，這只是一種用溫度與濕度控制的影音晶片顯影播放器而已。」

圖書館地下室酒窖牆壁突然變成了投影的螢幕，長滿壁癌的牆壁中所呈現出的影音倒還清晰，影片中裡面的中年人坐在圖書館二樓的辦公室內，很自然地面對鏡頭侃侃而談，彷彿受過新聞主播的訓練或薰陶般地熟練。

「我先自我介紹一下，我叫作強老大，是這座圖書館的創辦人，不過，不用去查證，這圖書館是登記在某基金名下，而這基金的捐助人只是一間馬紹爾群島的紙上公司，這家紙上公司的幾個法人股東又分別登記在全球各地。能看到我預錄在牆上的隱藏裝置，一定是阿蒙琪或跟阿蒙琪有關的人。我錄製的時間是2031年。」

雅各有點掃興的穿好衣服，問著尤里‧西拉：「誰是阿蒙琪？」

「我阿媽！」

顯影播放器內繼續播放著：「有幸看到這段影片的阿蒙琪或她的後人，看完後請不要向別人提問與討論，這有關太麻里圖書館與我個人龐大資產的秘密，我不知道這影片被翻出來播放，會是幾年後的事情，阿蒙琪或她的後人請務必小心行事，因為很有可能觸犯金融戒嚴法，而我早已巧妙安排阿蒙琪來當圖書館的清潔人員，這面牆壁會在濕度提高時才會啟動這個顯影播放器，大概除了清潔人員外，也不會有人會把這地下室小房間的角落牆壁弄濕。」

雅各哭笑不得地對尤里‧西拉說：「這位強老大好像沒想到我們的方法吧！哈！」尤里‧西拉沒有搭腔，滿臉嚴肅地緊盯牆壁的螢幕。

「先從2010年－2020年講起，當時我是一位網路部落格財經作家，與你們現在看到的財經作家不一樣，因為我敢講一些財經與投資上的黑暗面事蹟，真實揭發一些糟糕透頂的上市公司、媒體與一些財經名嘴，漸漸地我打開了相當的知名度，從台灣紅到香港、中國以及全球的華人社會，也正因如此，漸漸得罪越來越多的政治財經與媒體界的大老們。2028年，我察覺了當局與一些勢力龐大的開發商，企圖挪用政府公款為太麻里的大型開發案解套，這個開發案從2015年開始就不斷地吸收投資人的資金，從未來城、空中巨蛋、高速鐵路、峇里島複製、全球最大賭場等等計畫，但主導的台灣營建聯盟卻將資金源源不絕地掏空輸送到中國……。」

尤里‧西拉一臉狐疑地問雅各：「我都聽不懂，以前真的有這種事情嗎？莫非強老大就是現在政府所宣傳的『那個人』叛亂犯？」

雅各無奈地說：「有些事實只有政府內部的少數人員才曉得。」

　　尤里‧西拉用一種奇怪的眼神看著雅各，雅各急忙辯解：「我不會說出去。」

　　螢幕中的強老大仍滔滔不絕說著：「我開始寫了上百篇文章與報告去揭發這個世紀大陰謀，而一些部落格的部落客和我，去放空台灣營建聯盟成員中的一些公司之股票，別驚訝！當時放空是被允許與合法的，不像戒嚴以後，只要在公共場合提到放空、衰退、掏空等字眼，就會被建設公司所組成的金色戒嚴政團，抓去植入遺忘晶片，這也是我錄這個video的原因，哪一天我的行蹤被查到，我腦中的記憶搞不好會被建設公司政團抓去消磁。到了2028年，台灣營建聯盟的財務狀況已經惡化到無法收拾的地步，一些公司的股價從3000元連跌一年，直到剩下不到10塊錢，當然我與一些部落客的放空利益十分豐厚，只是這些台灣營建聯盟的成員不思好好經營本業，反而大量引進中國的主權基金來台，用巧妙的金融操作把持了所有國營企業與銀行，並用金錢收買政客，在2029年實施金融戒嚴，控制一切媒體、學校，用高壓的控管方式，不准人民散播或學習正確的理財與投資知識，讓台灣的理財知識足足倒退五十年，這樣就可以讓股票市場成為上市公司無止境的籌資與出貨管道。」

　　「2030年，我的部落格被強制關閉移除，支持我的一些媒體和好友們，不是被抓就是逃亡，且放空所得被台灣營建聯盟沒收，比較幸運的是我，由於早一步嗅到台灣要搞金融戒嚴，在2029年就將放空的所得，早一步藏匿，一切細節就在我所寫的《金色巨塔（三）》裡頭，相信有辦法看到我所留的這個影片的人，應該知道這本書。最後，我會選擇躲藏在太麻里並且在這藏匿財產秘密的主要原因在於，這個地方的經緯度，剛好是Google與戒嚴營建政團的網路搜尋衛星的少數死角之一，加上當強烈焚風吹起時，空氣中的懸浮微粒分子密度

將會增強使得光纖網路的速度加快，讓Google老大哥的網路掌控力與阻隔效率降到幾乎是零，也就是說每年冬天，太麻里這地方有兩個月時間可以自由在網路世界瀏覽與運作，甚至作一些自由的投資與轉帳工作。」

雅各看完影片後，不可置信地坐在酒窖邊，性愛助興劑的藥效似乎還沒完全消退，她用一種沒有人看不懂的明示求歡眼神勾射尤里‧西拉，但尤里‧西拉相當專注於影片的內容。

「我將所得之款項，挪出一小部份蓋了這座圖書館，用意只是要讓阿蒙琪或她的後人能夠找到我的密碼，且順利避開戒嚴政團的追討與追捕；其它部份被我存到芬蘭的伯里斯銀行以及日本近畿勸銀的倉敷支店，帳號是……，密碼則寫在書上第455頁，每年冬天大約冬至時分，可以趁Google衛星搜索不到太麻里網路記錄時，去將帳戶重新啟動與查詢，然後就可以去領取了。」

尤里‧西拉牽起雅各的手說：「走！幫我去解讀那一本《金色巨塔（三）》。」

雅各露出不可思議的表情回答他：「你真的相信這件事情啊？」

尤里‧西拉很認真答著：「那個人應該是我的爺爺。」

雅各吃驚地望著尤里‧西拉說：「對！你和影片中的強老大長得很像。」

尤里‧西拉繼續看著還沒看完的部份，翻開到第455頁。雅各冷笑的說：「第455頁哪有什麼密碼？」

尤里‧西拉舉起那杯從傍晚就醒酒到現在天將白的2025 Le-pin紅酒，灌下一大口並朝書上噴去，沒多久就顯示了一排以特殊墨水印製的浮水印：「bonddealerJaguarCSIA」，尤里‧西拉打開電腦連上芬蘭的伯里斯銀行以及日本近畿勸銀的倉敷支店的網站，正要啟動與下載

轉帳程式前，雅各一手緊抓住尤里‧西拉的手指，阻止了他輸入的動作，尤里‧西拉吃驚的看著雅各，只見雅各連上金融戒嚴局與Google的共同網頁，鍵入了一堆符號與設定後才放開雅各的手說：「現在這條線路完全clean了。」

2046年清明時分，雅各與尤里‧西拉從芬蘭飛到東京，又搭乘了五個小時的新幹線來到倉敷，站在櫻花盛開的倉敷運河旁，兩人看著近畿勸銀的倉敷支店的招牌，雅各笑著尤里‧西拉對說：「走，我們進去轉另外的五十億。」

尤里‧西拉好奇的問雅各：「爲什麼妳要背叛政府與妳的任務來幫我？」

雅各緩緩地說：「那本《金色巨塔（三）》，圖書館只收藏三千本中的兩千九百九十九本，另外一本被我的祖父收藏起來，因爲他一直知道你爺爺強老大與太麻里的秘密。」

雅各望著運河上悠閒游泳的天鵝繼續說：「我爺爺與你的祖父在三十多年一起前來過倉敷，這個秘密帳戶就是當時他們倆假借採訪的名義來開立的，你爺爺爲了怕書被營建公司戒嚴金色政團全數燒毀，故留了一本給我的阿公。」

尤里‧西拉睜大眼睛問：「妳到底還有什麼我不曉得的秘密？」

雅各伸出左手佯裝成求歡的手勢一把朝著尤里‧西拉的臀部：「還有就是——我要和你做愛一百次！」

尤里‧西拉抓回雅各的左手，摸摸她微突的肚子：「忍著點，等小尤里生出來吧！」

伍、故事

我的買屋與裝潢日記——
現代人不懂賺錢，更不懂花錢

我的買屋與裝潢日記——
現代人不懂賺錢，更不懂花錢

　　一切的一切都是從多年前的某個冬天開始，那年冬天遊歷了該死的民丹島與九州湯布院，住進了讓我開啓一連串破費敗家人生的Banyan Tree與龜之井兩間截然不同的旅店，靜靜地在九州的金麟湖、民丹島幽靜的Bintan球場之間，體驗市集的熱鬧與天地蕭瑟的不同心情，離開倚賴多年的金融資本家生活，帶著家人放逐般地經由天涯海角的遊歷，把自己從一個職場鬥士徹底蛻變成居家隱士。旅程中的主體是什麼？是山川江巒？人文萃薈？美食特產？紙醉金迷？還是遊憩者與旅店的合一呢？我的旅行目的，在當時只是爲了躲開一切讓我身心受損的環境——終日與數字、鬥爭、績效爲伍的惡劣生態。躲在一個離台灣不遠的世外桃源是件歡愉的事；五天的民丹島Banyan Tree與五天的九州脫俗風呂之旅後，回到原來的舊房子，內心掙扎地告訴自己：這不是我想要過的日子！這更不應該是個居家隱士的房子。

　　比較特別的是當時換屋的心態：先想好自己生活型態、思索一家人彼此的關係、建構出未來居家藍圖、甚至自行畫好簡易的設計圖後，再根據這些夢想的需求去尋找適合的房子。一般人是裝潢遷就房屋主體，而我是根據裝潢的需求去找合適的窩，根據遊歷所得的感動來打造夢幻巢穴。在還沒有買下自住的那間房子之前，我就很清楚自己家的「長相」，甚至已經請設計師畫下簡圖後才帶著設計師去看房子，即使看到的房屋再好、條件再誘人，如果無法將它變成「夢想的

城堡」，對我而言不過是個鋼筋水泥的交易商品罷了！

　　值得一提的是，當時是2002年底到2003年初之交際，開始尋找能夠逐夢的房屋，我開了幾個條件：

1. 55坪以上雙車位新屋：不換大一點、新一點，換屋所為何來呢？

2. 高樓層兩面採光（三面更好）：把景深與光影的元素大量灑入自家中。

3. 素屋（不要有隔間）：可以讓我肆無忌憚的玩空間遊戲。

　　那時為了找這樣的房子，遍尋內湖、大直一帶，半年毫無所獲，當時房地產為連續第九年低迷，股市也在4500點上下徘徊，法拍屋、金拍屋、銀拍屋市場熱鬧滾滾，AMC剛引進台灣做房市低檔的大掠奪，在那樣的時空環境下，居然買不到像樣的大坪數房屋，讓我心生警惕：一旦房市落底，中大坪數（五、六十坪到一、兩百坪）的房屋物件鐵定因稀少而搶手。所幸一切有了SARS這個世紀第一個笑話（上世紀最後一個大笑

↑鶯歌陶瓷博物館

東眼山：桃園北橫上的世外桃源，我一共去了九次（十年來）。東眼山是台灣所有森林遊樂區中，可以推嬰兒車上去的，它沒有登山階梯，只有緩升或緩降的坡道。看過偶像劇「綠光森林」的人，一定不知道那就在東眼山拍的。

◎ 住北台灣的人可以當天來回，不用跑到溪頭（她跟溪頭真的很像）。

◎ 北橫沿路有些歐式或法式的鄉間小餐廳，值得去享受阿爾卑斯山般的小酒館。

◎ 山下大溪有我最愛吃的現煮豆干、素肚、豆雞、豆皮料理。

話是Y2K）的推波助瀾，終於買到了可以拿來雕琢的房子；插進一些題外話：請各位務必在景氣最低迷的天災人禍時買屋與裝潢，我的經驗是當時：

1. 房價愛怎麼殺就怎麼殺！

　　還可以分開殺！今天我殺完，下週換老婆殺！建商同意後可以反悔繼續殺，殺價殺得這些可恨的建商永遠將你恨得牙癢癢的，反正SARS那三個月，整個內湖似乎只剩下自己一個買方；切記，以後天災人禍時，買屋直接將賣方售價打七折再說。

2. 設計師、土木水電工通通有空！

　　翻開裝潢雜誌，從大師到建築系工讀生個個都有空，一通電話，從桃園、木柵二十分鐘內趕到內湖；而不景氣時，裝潢的工班也比較

「沒事頭」，隨時到工地現場都可以看到八、九個工人正在趕工，而且不景氣時請木工或水泥工修改設計或小變更，二話不說就照辦，哪像現在房市景氣好的時刻，裝潢花錢還受一堆鳥氣，大師級的設計師說不定從來不曾出現在你家工地現場。

3. 買傢俱、廚具、家電：別客氣！殺！

　　現金帶個幾十萬，然後照開價的三折殺下去，不用管他是五股鐵工廠還是義大利精品店，景氣不好，商家看到現金就眼開，後來聽說我是那家大都會士林店當週唯一客人。

4. 非投資型的自住房屋裝潢切忌找熟識之設計師！

　　完全陌生的設計師比較可以「操」他與他的工班，而且不用擔心面子掛不住；此外找設計師的一個要訣：別看報價，因為殺得太便宜就表示以後預算追加的空間越大，可以觀察他來工地首度丈量所花的時間，如果時間花比較久就表示他比較有空或比較龜毛細心；千萬別花大錢找大師設計，除非你表明了想當暴發戶而不自知。

↓徜徉於如此的海洋後，旅人對生活對家的看法有產生什麼變化嗎？

沙巴‧東姑阿都拉曼

經常徜徉於風呂與villa的享受，想把自己的狗窩弄成相近的風格，這問題足足讓我思考了一兩個月。

從湯布院的龜之井溫泉旅館得到了第一個靈感，用視覺的延伸來擴展空間

　　客廳8坪、餐廳4坪、廚房3坪、玄關2.5坪、書房4坪等，合計21.5坪的空間，對多數人的意義就是一間一隔，21.5坪其實不算小空間，卻讓多數家庭產生更大的侷限。許多人會作個鞋櫃隔出玄關與客廳、會用水泥磚牆隔出廚房與書房、會用類似屏風或碗櫃隔出飯廳與客廳，問題是上述的觀念來自早年的大戶人家或做生意商家，那些訪客經常川流不息的房屋才需要做出這樣的生活區隔，否則尋常人家的生活哪會有那麼明顯的強制區分動機呢？也就是說，家人的生活是一體的，廚房是大家的、餐廳是家人共享的，於是我將客廳、餐廳、玄關、廚房的隔間通通「打掉」，連客廳旁的書房都作成透明玻璃隔間，而客廳的大片落地窗可遠眺飛機起降與基隆河；一樣是21.5坪的空間，使用透明玻璃牆除了可以增加空間的穿透立體感，讓人一進門時視野全部開展與無限延伸，其質感更可營造出現代冷峻的氣息，替自己工作增添該有的元素，更重要的是讓客廳、廚房、書房一眼看

帶廣・北海道

透，不會讓家人產生任何疏離感，雖然家人都在不同的獨立空間，但因透明玻璃而能盡收眼底，家人親而不膩，獨立而不孤獨的居家氣氛立即形塑；至於風水，sorry！我不認識這兩個字。

從Banyan Tree的海天一色與獨立villa延伸出，家裡是玩樂的地方

　　東南亞慵懶的villa風真正的內涵在於：旅客可以藉由入住villa而滿足一趟旅程的大部份目的，這個概念讓我思考到家的功能，家的功能若能滿足家人的休閒與享樂嗜好，那麼這個設計就成功了一半，因為房屋擺飾設計的最終目的——讓人戀家、讓人迫不及待想回家。我與家人造訪過七、八個villa，最想把什麼元素複製回家裡——就是光！誰有見過採光不明亮的頂級villa呢？渡假時清晨的第一道曙光灑進您的陽台茶几，第二道慢慢滑進寬大的床映入你的眼簾，渡假的起床號與平日催促上班的鬧鐘不同，不同處除了心以外，大規模恣意妄為的採光更是愉悅的要素；於是在新家的設計上，除了要求每個空間都必須要有大面積採光外，一些死角處就用巧妙的鏡子折射取得間接光源，並在房子裡頭安置了大大小小共116盞燈。

收盤後的人生

從自我的生活反省與充份對全家的瞭解而設計出，未來的家居預測

　　只有自己最清楚自己的生活內容，過去三年生活回顧與未來七年人生規劃所投射的生活風格與型態，一定要藉由設計與修潤來增加生活的舒適感；許多人對於設計有如投資一樣的草率，找個設計師或裝潢工班就把整個問題丟給別人，這種想法頗令我納悶，到底你買的房子是設計師要住？別人要住？還是自己要住的？如果你是個房屋投資客，則裝潢成多數人可以接受的面貌是ok的，但是買屋自住時，裝潢便非商業行為；誰能決定自己的生活？唯有自己！許多人買了新屋弄了裝潢後，才發現整體設計根本不合身，不合自己與家人的需求，譬如許多人為了追求所謂的「極簡」風潮，把整個房子弄得空空盪盪的，忽略了應有的收納空間，結果把自己家裡搞得像個倉庫。我喜歡喝葡萄酒更喜歡收藏，每個人家中難免有擺設酒的櫃子，若你喜愛紅酒收藏，就必須在裝潢時就注意兩件事情：一是要在不影響動線的情況下騰出一個冰櫃的空間與獨立的電源；二是在酒櫃的木做階段時就必須做些斜放的酒架。常看到一些朋友家中甚至是店家，竟然將葡萄酒以直立的方式陳設，就算沒去買恆溫冰櫃也不該以此糟蹋一瓶美酒吧！

從風呂的迷戀打造出當年度的最佳家居洗澡裝潢

　　令我既醉心又迷戀的饗宴就是日式風呂與南洋villa，每次的旅遊都得安排不同的旅店，應該更加強語氣的說，這醉心的重要元素就是

◀旅人在海天一色下被洗滌，
散戶被真假難辨之多空洗盤，
單純洗澡是生活中一件重要的
事，但多頭容易被洗出籌碼，
空頭又被媒體洗光信心。

金山　總督溫泉

⬆新穗高溫泉（小沈提供）

——水，藉由動態的水與身體的互動而隱約回歸到最原始母親的子宮內。洗澡是一個人與家庭的主要連結，我或許可以忍受外食，可以在外面品酒喝咖啡，可以到外面看書看電影，但就是不能允許自己睡前那個美麗的ending——洗澡——過於簡陋，當我凝視買下來的空盪水泥鋼筋隔間之際，心裡早就盤算：將浴室加大一倍！許多家庭的浴室大約是25坪空間中的3坪，但隨著換入大一點房子的時候，衛浴空間還是3坪，這在我的眼中根本不算生活品質的進化；華人世界的裝潢相當不注重洗澡，當大量的光照射在你的家中、開啟了一天，浴室的水與氣氛不就是個美好的結束嗎？我的浴室面積超過房屋總面積的九分之一，浴室的施工預算也接近總成本的七分之一，內行人都曉得這是極為誇張的預算比重；我作了一個深達120公分的石造浴缸，浴缸上方與兩側弄了三種光源，還作了一個木梯可以上下浴池，為此還將廁所

的管線全部翻新，以營造和風素雅的氛圍，設計師和我兩人還特意跑到汐止大尖山一帶砍竹子，將竹子的水份燒乾後再重新漆上淡綠與鵝黃等大小色澤不一的竹子飾物，爲的就是要把日本風呂的細膩融入自己的生活。

　　隨身手記所留下的記事，一次又一次的旅行，換來的又是什麼？幸福真的必須在遙遠的他方？幾乎是宗教儀式般地流放自我，回程迎接旅人的，仍是巨大的空虛嗎？旅行必定會帶回些心靈悸動，只是您不去從內心挖掘出來罷了。

　　思索過往藉旅行所得的結論，累積的靜心修行、視野識見的開展，如此的收獲，用這些好好用心地雕塑自己的家，擁有個人風格的家，讓旅行與家做緊密的對話，裝潢一次後真的會上癮呢！

↑金山總督溫泉

老師老師我愛妳

老師老師我愛妳

我離開職場兩、三年後，當習慣了以前專業體系內有許多取之不盡的資訊管道，突然發現消息管道越來越少，再加上那一、兩年股市走空，雖然沒有賠多少錢，但是對自己的投資實力與功力慢慢產生質疑，開始對沒有投資與產業相關資訊感到恐慌，因為太過孤獨與寧靜（別以為我又要挖苦某人……）而忘卻了以前的一些專業素質，甚至會懷疑起我的投資能力是否出現問題。

有一天閒來發慌打開電視，不小心轉到第四台投顧老師的節目，從前因為受過專業薰陶，所以十分不認同那樣的投資方法，但看著看著竟然著迷，每天都非看三個小時以上的投顧老師不可，直到有一天看到一位女投顧老師，天啊我的媽！大學同班同學，我記得自己學生時代常常翹課去號子看盤，晚上在家裡畫K線，當然功課成績就不怎麼樣，有一天這位女同學好意的勸我：「黃同學！你這樣每天沉迷於那種賭博的投機世界，書唸不好就算了，你很丟我們台大經濟系的臉呢！你看＊＊＊、＊＊＊和我，我們以後是誓願往學術路上發展，希望能為華人拿到第一座諾貝爾經濟學獎，我勸你迷途羔羊能知悔改，自己榮辱事小，丟我們偉大的系風事大……。」

還好她有給我面子，趁四下無人才告訴我，否則十多年前社會版可能就會多一則：「T大學生喋血案，三角戀情？殺人動機不明……。」也還好她沒有當場羞辱我，否則那位志向諾貝爾的女投顧老師十幾年後就少了我這位會員。

收盤後的人生

收盤後的^的人生

看到電視上這位以前清純的準諾貝爾同學老師大言不慚講著：「我的會員是天生坐轎命，你看哪個老師像我是科班出身，T大經濟系、麻省理工學院經濟學碩士，民安人壽十年研究操盤出身，我們不走報明牌與無聊美工線形的分析，完全走基本面的路線，我什麼都不會，只會領先觀察產業趨勢從底部進場，你們看這就是我的成績，台灣證券市場第一個挖掘到宏達電的就是我，來，大家看，這是我的會員的交易單，1張2張3張……50幾個會員買到全市場最低價110塊的宏達電，一路抱一路逢低加碼，你看現在多少錢？420塊，來！宏達電會有最後的買點，我今天只開放三個名額，現在入會買一季送一季，優惠活動期間的這個月免費贈送，一次買三季者，將成為我的手機會員，老師帶你們操作……。」

我看完心想，老同學應該不至於騙我了吧，打了電話給她，她也很驚訝我會打給她（我想她驚訝的原因是我這種專業人士也會打給她），我笑著說：「諾貝爾獎什麼時候多個投顧老師獎？」

她裝著羞澀的聲音（我當時以為她愛上我，差點要跟她說我已經結婚）迸出了一段話：「不好意思，不然入會費收你十萬元意思意思就好了。」然後跟我訴苦說她老公都不太理她，她不得已才來作老師，生意又差，我當初是瞎了狗眼，四十歲熟女同學的迷湯都被灌得一楞一楞的，當場刷了十萬塊錢，她給我一組手機號碼。

　　於是我開始了跟牌之旅，第二天她就打電話來：「同學！宏達電市價敲進。」於是我追到445元，前三天還不錯，股價漲到479元。第四天她又打給我：「宏達電明年EPS預估40元，即將走長多，繼續加碼。」

　　　於是我465又買了一張，又過了幾天，她又來指示：「宏達電破月線，立刻停損！」於是我在400元時認賠賣掉，賠12萬；過了幾天還真準，當時我不得不佩服她，宏達電跌到310元左右，我主動問她：「同學你好準，可是現在宏達電很便宜，可不可以買回？」她跟我說：「投資不要隨便搶反彈，稍安勿躁。」嗯！我的同學很有投資概念喔，難怪她的會員如此相信她，一改我對投顧老師的負面形象；一個禮拜後她又打給我：「宏達電月線翻揚確立，立刻追價！」於是我買兩張380元，三天後她又急忙call我：「宏達電被歐洲通路退貨，立刻賣出！」

　　於是我又賣在370元，又賠了2萬元，心想還好只是小賠，否則宏達電已經這麼高，萬一這個消息見報，恐怕要跌到300元以下。接下來她帶我玩當沖，搞了兩個禮拜，沒賺沒賠，我的營業員倒是很高興；接下來她又神秘兮兮的call我：「內線消息：宏達電十月營收會衝到80億元，強力買進！」於是我又在400塊錢買兩張，好景不常，宏達電營收真的衝到80億以上，但是股價卻利多出盡，一路又跌到330元，我開

收盤後的
人生

始質疑我同學，打去問她：「怎麼搞的，宏達電為何會這麼慘？」

　　她故意壓低聲音告訴我：「我昨天晚上去上課，碰到四大基金的操盤人，他們告訴我因為執政黨要籌選舉經費，不斷賣宏達電，我不能告訴我的會員，否則消息來源會中斷，趕緊認賠然後反手放空，因為四大基金與執政黨還打算賣五萬張！」挖哩咧天大的消息，賣五萬張還得了，趕緊在350元賣掉！到這時為止，宏達電兩張一共賠24萬，心想作多帶塞，那就來放空好了，沒多久宏達電又漲到400元，她call我：「四大基金已經開始賣了，趁有400元的價格放空，你看前面兩次到了400元都會壓回！」於是我在400塊錢放空兩張，不料幾天後，宏達電被嘎上去，她又call我：「我們以前都犯了太躁進的操作缺點，這次我們多忍一下，壓回420再回補。」林老師卡好咧，那兩天根本沒有420元可以回補，立刻打給她，她說：「補空點提高到435元。」

湯畑・草津溫泉・群馬縣

山中溫泉・鶴仙溪　（小沈提供）

　　到了第二天，開盤跳空到450元，我越想越不對，打開電視一看，赫然發現我同學正在電視實況解盤：「你看！這是我帶會員買宏達電的證據，380元此波起漲點會員叫進，現在已經來到455元，恭喜會員大獲全勝，今天開放十個名額……。」我仔細一看，其中一張成交單不就是我影印給她的？一場老師夢驚醒，450元放空回補，又賠了十萬。

　　三個月操作宏達電共計賠44萬（本錢100萬，扣掉10萬會費），當時全台灣作過宏達電唯一賠錢的居然是我，賠錢事小，居然操作宏達電會賠掉44%，至今我耳中又傳來她那句：「我們以後是誓願往學術路上發展，希望能為華人拿到第一座諾貝爾經濟學獎。」

　　今天只開放十個名額……。

自己嚇死自己

　　人類行為有各種表徵，投射到心理或進一步到投資行為，更是七情六慾各種莫名其妙的動作都會產生，我有一個投資生涯中最烏龍的錯誤，拿來跟投資朋友分享，投資市場是所有人對於他所能接觸到的訊息做出各種理性與非理性反應的一個最明顯的場所，金融市場有兩個要命的心魔——內線謠言與恐懼，恐懼並非來自無知，而是來自對資訊的過度解讀，資訊的渲染與過度解讀就是股票市場中不可或缺的春藥——內線。

　　中國歷史上最有名的「被恐懼打敗」的例子是：「死諸葛嚇走生仲達」，故事大意如下：

　　諸葛亮率軍北伐，在五丈原瀕死之際，知道自己死訊傳開後，司馬懿會率大軍侵蜀，所以預先對退軍之事作了巧妙的安排。果真如其所料，魏軍都督司馬懿探知孔明已死，蜀軍準備撤退，立即引兵向五丈原殺奔而來。一馬當先，追殺蜀軍至山腳下，忽然山後一聲炮響，喊聲震天，樹影中飄出中軍大旗，上書一行大字：「漢丞相武鄉侯諸葛亮」。司馬懿大驚失色，定睛一看，只見中軍數十員大將，簇擁著一輛四輪車出來，端坐車上的正是羽扇綸巾、身披鶴氅衣的諸葛孔明。

　　司馬懿嚇得面如土灰，喃喃自語道：「孔明尚在，吾中計矣！」急忙勒馬回頭想逃走，忽聽姜維大吼：「賊將休走，汝中我丞相之計也！」隨行魏軍無不魂飛魄散，急忙丟盔棄甲，各自逃竄，自相踐踏而亡者不計其數。司馬懿狂奔了五十里，才氣喘吁吁地問左右兵士道：「吾頭在否？」左右安慰他：「都督休怕，蜀軍已遠去！」司馬懿方才鎮靜下來。

　　兩天後，鄉民奔告：「前日車上之諸葛亮非真人，乃木像也！」司馬懿慨嘆：「吾能料其生，不能料其死也！」

　　歷史上的司馬懿會被死孔明嚇走不足奇，此乃資訊不對稱的結果，如果司馬懿被自己嚇走那才令人驚奇。

　　我以前在金融機構服務時，有一陣子被金融市場的很多朋友譽為「央行政策的觀察專家」，因為自己曾多次事先料到央行利率政策

倉敷美觀・岡山縣

的變動時點，所以很多不論是股票圈、債券圈或外匯圈的同業與朋友，很喜歡問我一些看法並討論央行動向，畢竟央行的動向對金融市場的影響十分顯著。有一天盤中每個市場都很沉悶，我心血來潮，召集了公司的交易員與研究員，跟他們玩一個小遊戲，叫每個人打兩通電話：「聽說下午央行要開記者會，內容不明。」然後看看需要幾分鐘，這個我製造的小謠言才會傳回公司的交易室。大家打完電話，約五分鐘就有人打電話告知這個消息，大家笑成一團，又過了五分鐘後打來的消息變成：「下午四點半央行開記者會。」挖咧！這種謠言本身還會長大。

中午吃飯回來一看股市，一改早盤牛皮之走勢，變成下挫200點，我趕緊四處打聽，一些朋友告訴我，央行下午要調高存款準備率兩碼，我心想哪有可能，但是心情開始動搖，被這個消息弄得心神不寧，莫非自己料事如神？下午一點，突然一則網路新聞跑出來：「央行擬定下午四點三十分召開臨時記者會，市場揣測云云，不排除調高存款準備率，以壓抑國內資金外流嚴重現象……。」隨著股市收盤時間一分一秒逼近，我越來越坐立難安，若央行真的調高存款準備率，那可不是小事，隔天金融市場一定會產生大震撼，因為沒人事先預期得到（廢話嘛！我自己的調皮搞怪怎麼會有人事先能預料），於是我慌張地拿起電話問兩個熟悉央行路線的財經記者：「夏大記者，挖系總仔！你那條央行消息的獨家是從哪裡來的？」

「我跟你講，你不要講出去，是從郵便局那邊傳出來的！」

另外一個記者如是回答：「不能亂說啦！不過真的是從央行官員那裡傳來的。」距離收盤還有十分鐘，自己緊張的都可以感覺腎上腺素不斷升高，在辦公室來回走動，香煙一根接著一根，開始計算萬一這消息是真的，明天一開盤，公司的部位可能立刻要遭受巨大的損失，好不容易拼了快一整年，整個部門還有獲利，若不趕緊做處理，今年年終獎金可能要大縮水，年終獎金一旦縮水，我的換車計畫立刻泡湯⋯⋯。

我緊急召集所有交易員賣出股票與債券。

下午四點一到，央行立即發了一個澄清稿：「有關外界傳言本行業務局即將召開記者會一事，本行嚴正澄清，並無此事；至於本行之利率政策維持適度寬鬆，沒有改變⋯⋯。」

坐在辦公桌前面看到這則新聞後，我傻傻呆坐二十分鐘，並向所有同事說：「我明後天請假，所有電話一概說我到南部開會⋯⋯。」

第二天在家裡看盤，所有金融市場大反彈⋯⋯。

Life will find way out ; so will rumors.

鈔票的重量

鈔票的重量

　　我以前服務過一家銀行，一家很單純的銀行，沒有其它相關金融企業，沒有轉投資證券公司，也沒開成票券公司，當然投信與投顧自然也沒有份，小而美的單純氣質圍繞在這家銀行的上下，除了大股東掏空與呆帳如山外，沒有人或金融檢查機關的官員可以挑剔出其它毛病；尤其是它的節儉。銀行開業的前四年，這家銀行的用人數最低，總薪資最低，分行的挑選一律選擇十五年以上的老舊大樓，總行的辦公人員有四分之一在潮濕的地下室上班。

　　許多人包括我在內，面臨評斷一家公司的優劣與值得投資與否，會用去除法的方式，而裝潢過於富麗堂皇就是一個很棒的反指標檢視標準，如某家小型投信，三、四年前的績效十分出色，於是引來外部經營者與股東的覬覦並入主，入主後第一件事就是請來知名的設計師，砸下大錢將辦公室搞得好像昔日皇宮殿宇般美輪美奐，還因此吸引來一堆媒體的報導，精品、金童、貴族、典雅與品味的形容詞一直圍繞在這家投信上。兩年後的現在，若投資人去檢驗2007年該投信的基金績效，不論是一年來或半年來的排名，紛紛從裝潢前的前五名掉到一百六七十名。

　　前者那家我服務過的銀行，除了呆帳與掏空不節制外，什麼都省；後者那家投信，除了績效以外，什麼都擁有。

在潮濕的地下室一角，有間神秘「非請勿入」的辦公室，辦公室裡面坐著兩個人：銀行老闆的操盤人與銀行資金的操盤人；前者是跟了老闆十多年的帳房總管，後者則是一位剛畢業的菜鳥，這位菜鳥後來成為我的徒弟，這是題外話了。

那位大操盤手在房間裡總是壓低聲音對著電話喃喃自語，他負責老闆其它上市公司的操盤與資金調度，菜鳥操盤人則每天聽候老大與老大的老大的指示，股價的拉抬壓低吃貨出貨，做量做價也順便做做籌碼，大操盤人有時會表演一下融資銳減、融券大增的戲碼，銀行老闆一手給他資金，另一手給他一些有持股的戶頭，左手進右手出；而我那位徒弟每天穿梭在每家不同的交割券商，瞎忙著領股票、存股票、質借、取消質借……等苦差事，而銀行的操盤目標只有一個：當老闆的救援投手。

我就是擔任救援投手的角色，只不過，投入幫老闆善後的資金，與一天銀行各種調度與交易的金額比起來，不過是九牛一毛，或許當時那位大大老闆的胃口與見識都還

↓宇治上神院

收盤後的人生

沒有開竅，當然，良知未泯滅也是一個可能的選項囉！

　　既然人力精簡，一個人當三個人用，加班自然成為常態，到了傍晚，一間不大的交易間堆滿了從集保領出來的股票，還有等著要抱到央行去借錢用的公債，一旁的營業櫃台更誇張，經常在傍晚時間收到老闆旗下建設公司的上億現金存款，發動分行與總行的閒置人手幫忙點鈔；有一次臨時在晚上六點多，一筆九億的怪款進來，後來聽說是某政黨、某地方派系的買票錢，不得了，除了閒置人手，連交易室的、國外部的、管人事的，甚至在門口站崗等著行員下班的男女朋友，都被情商出來點鈔；那位大操盤手也在心不甘情不願之下出來幫忙；記得至少動員了近三十個人手來數鈔票，前前後後折騰了兩個小時。十多年後與幾位當時一起工作的夥伴聊起，才驚覺我們都有意無意地替人幹了經常性洗錢的工作，一群自以為優秀的銀行青年，就在不見天日的地下室一角幹著奇怪的勾當。

　　九億的鈔票真的很壯觀，當時還處於「台灣錢淹腳目」的尾巴，一公升汽油12塊－13塊錢的美好且腐敗的時光，南霸王、中霸王、海霸王無所不霸，地王、股王、四大天王無不王八，我天天豎起耳朵，盼能聽到我的大老闆的炒股大計，那位跟在大操盤人旁邊的年輕菜鳥，頓時成為行內的黃金單身漢，眾多拜金女行員無不費盡心思想要從我那位徒弟身上挖出一些噴出的東西（別亂想，多年以來，飆股無一不是用「噴」的方式來展現其敢漲敢跌的魄力）。

　　凡是越貪心越搞掏空的老闆，對於員工就越摳門，這是不滅的定律，答案十分簡單，他多給夥計一塊錢，以後他就少掏空一塊錢，除非你具備那種能幫老闆掏光全世界的通天本領，否則，老闆今天幫銀

行省一塊錢，明日他逃難到美國，就多一塊錢的盤纏。

　　我仍舊記得那九億紙鈔的震憾；時序轉到2007年秋，一公升汽油飆漲到31元，我很想知道，同時點燃一張百元鈔與三公升98無鉛汽油，到底誰先被燒光呢？錢的重量相同，震憾不同。

　　錢是用來賺的！用來花的！用來存的！用來燒的！無論如何，「掏空」的速度一向是最大又具效率，繼2007年初的王又曾與雅新後，2008年會不會有呢？佛曰不可說，當初銀行的拜金女也年華老矣！

　　長江後浪推不了前浪，前浪經常死在長空上。

瀨戶內海

Super idol

　　許多人喜歡習慣性的看多甚至習慣性的作多，我來講一個在台灣債券市場的真實故事。

　　從前我在某金融集團當操盤人時，有關自己的事蹟，除了沒賠過錢外，其餘皆乏善可陳；另一位關係企業的明星級債券操盤人，他的故事就有趣很多。這位super idol一開始在A信託操盤，作多公債，狂押百億(十五年前的百億算是相當有氣魄)，結果讓他碰到大行情，除了A信託給他一份大紅包外，還水漲船高地升官三級跳到B票券公司當債券部協理。他又依樣畫葫蘆地狂買兩百億公債，不過這次他可沒那麼幸運了，碰到1996－1997年的股市萬點行情，債市整整走空了一年，這位super idol碰了一鼻灰，連夜被B票券掃地出門；super idol此時痛定思痛，他從這次的教訓中得到三個結論：

1. 企業家第一代或金融專業經理人通常比較精明，於是他要開始耕耘那些公子哥們的金融業第二代的人脈。
2. 操作的功力與成績除了少數內行行家知道以外，媒體關係打好以後，人人都是專家。
3. 開始練習蓮花嘴，三句就要夾有一句英文、一句數據，而且這個數據越神秘越好，這樣才無法檢驗，因為媒體與金融業二代空心大少都喜歡這調調。

　　經過一兩個月的努力，終於找到了C銀行的債券部掌門人這個位置，沒錯，他與這家銀行的第二代傳人熟到可以稱兄道弟。一年半過

後，他的101招「買進並持有」與102招「要賭就賭大的」，又碰到了第二次股市上萬點時的債券崩盤，他替銀行建立的三、四百億部位就讓那家銀行的年度淨利排在新銀行的末段班。

這時，銀行的老大動怒了，因為集團裡的其他關係企業的債券部門都全身而退，唯有這位super idol多頭總司令慘賠近十億，於是空心大少的爸爸下令請這位super idol走人。

這位super idol當下更是痛定思痛，他開始動了華人傳統的「裙帶關係」，他突然想到他的親戚中竟然有央行的高層，剛好那時金控成立，大家知道一些金控的第二代大少最喜歡收集兩類人才：

1. 媒體寵兒
2. 高官親屬

於是，這位super idol又到了D金控去當債券操作的最高負責人，既然是金控，當然就要第一名，他一下就Show Hand近千億，終於皇天不負苦心人，連輸兩把後，他終於賭對了。那位金控第二代給了他九位數的天價獎金，從SARS過後他選擇淡出金控第一線，退居二線的企劃與管理，很幸運的是，也躲過了許多牢獄之災，因為這位金控第二代目前正在美國與日本「養病」，說也奇怪，高爾夫球打得這麼勤，人長得這麼壯，不到四十歲竟然養了一年的病還不回來。

看到這位在債券市場的super idol後，你有何感想？有為者小若是！哇！九位數獎金！曲折精采的人生！……

只想告訴你們，他玩的都不是自己的錢。

➡姬路文學館・兵庫縣

金控交易室的一天

　　強老大清晨六點被惱人的鬧鐘叫醒，看著旁邊仍睡眼惺忪的老婆，心想她今天不知又要去哪裡刷卡。開著剛買的E320，內心滿足又火大的出門，滿足的是半年前才因公債操作，替公司大賺一狗票而榮升副總；火大的是升副總還是得那麼早上班，但想到下面一缸子部屬六點半就要到，自己比他們好命多了。想著想著，車已經下辦公室的停車場。

　　一進辦公室立刻打開電腦，精業、Bloomberg、路透交易系統、儒碩、央行債券平台與金資系統，「幹，每次開系統就得花十分鐘，不管了！Vivian，爪哇咖啡好了沒？」，Vivian是他的特助兼秘書，一套窄到不能再窄的短裙，實在令人噴鼻血，強老大一邊納悶著她怎麼會看上隔壁人力資源部的那個土蛋，一邊走進會議室。早上七點二十分，一天陣仗展開。

　　首先，sales經理Rick一副昨晚去夜店玩太晚的樣子：「那筆CB(可轉換公司債)Buyer沒問題，有錢投信bond fund的chief昨晚答應5億加30 BP(1 BP為年利率萬分之一)全吃。」

　　「昨晚？花多少？」

　　「三萬！」

　　「靠！CB今天無法clean，夜店的錢自己出。」

　　負責FX(外匯交易) desk經理屎蛋(他真的叫做屎蛋，做外匯的交易圈中就屬他的名字最土)：

　　「有聽到消息說人民幣要升值，我們的US部位想丟一些，昨天央

行外匯局的科長有打電話來叫我們去喝央行咖啡。」

「客戶的看法呢？」

「財源滾滾半導體財務長今天想拋匯約10支(外匯市場人士通稱100萬美金叫一支)。」

「你抓得到嗎？」

「直接報Bidside(外匯交易的底價，做這種價格銀行完全沒利潤)，他就會來下單！」

「Bidside！我們賺什麼？10支很多耶！」

「強老大，你不是要把交易量做大？這個月要變local金控市佔率NO.1嗎？」

「也對，去衝吧！」

負責套利的Lisa：「紐約ADR系統出點狀況，昨晚我下的short(放空)聯積電空單，成交已回報，但後台counter尚未回報，美國那邊需以人工處理。」

「這deal多大？」

「2支美金！」

強大開了ADR的monitor：

「哇咧！妳敲了昨晚三分之一的量？萬一今天外資摩台期拉高結算怎麼辦？」

「不會！美林的交易員告訴我今天要壓低！」

「阿妳哪耶哉？」

「他是我老公。」

「妳跟你老公多久沒見面了？」

「4天。」

「他辦公室不是在對面嗎？」

「沒辦法，做套利是晚上10點上班，早上十點下班，好像是護士的大夜班。」

收盤後的人生

「好啦，一定給妳加薪買LV(我永遠不會拼的品牌名稱，也永遠搞不懂女人為何會癡迷)啦！」強老大聽懂Lisa的抱怨後回答。

負責股票操作的Jason、負責台幣資金調度的王科長，以及負責研究的楊保羅各自報告後終於開完會，時間是早上8:15。

「強老大！董事長2線！」

「強副總，禮拜六的北海球場你訂好了嗎？那家做工業電腦的陳董你約了嗎？」

「他今天會給我答覆！」

「一定要約成！那家現金增資承銷案快要決定主辦承銷商了。」

「為什麼是我？」

「報告董事長，包銷有特定人洽購(現在股票承銷中的一種奇怪方式，政府為防止人頭戶抽籤的弊端，卻造成特定利益集團)，不知道你有什麼業務指示？」

「哈！打球再講！」董事長貪婪的奸笑，一方面在算他個人有多少價差可賺。強老大心中則盤算著自己能否要個300張，一張價差2萬，嘿！600萬入帳！可是底下的人要分幾張呢？金融業唯一的難題－利潤分配，主管唯一的工作也是利益分配。

9:00，所有金融市場開盤，強老大還陶醉在盤算著這600萬元入袋之餘，一個討厭的人影閃到眼前－風控長(風險控管，所有金融機構除稽核單位外，需再成立風險控管部門，意在監督交易與放款部門的交易風險)。顧人怨拿了堆報表對強老大說：

「昨天留倉的水位好像接近風險上限了。」「反正沒超過，不是嗎？」

「你很厲害，每次都抓到接近上限，別衝太快！」「阿不然換你來做交易長，我在董事會壓力很大咧，每次開會都要吃藥。」「收盤有空我找你討論你買的那些結構性債券(一種連結於其他金融工具的商

品，這兩年來台灣投信因衝過頭，買入過多此類債券，以致差點造成金融危機。去年底大致清除完畢，很多投信經理人因此丟掉職位)的資產品質」「沒辦法，我賣CB給他們的交換條件，阿不然你叫老董不要包銷那麼多股票與CB。」

「老董！」兩人陷入沉默，顧人怨陷入工作與道德的兩難抉擇。

「Lisa！你的聯積電怎麼開那麼高，套利被咬了怎麼辦？你老公不是要摜壓他的股價嗎？」

「沒辦法！我老公連我都騙！」

「他當然會騙妳，一個外資交易員如果連老婆都騙不了，還混什麼外資圈！」

「妳的LV自己想辦法吧！」

「王科長！今天台幣缺口50億調平了沒？」「還好，正在算，沒有問題。」「我們公司沒事去併購什麼台北彰化中商銀？花掉了200億，害我們存放比(存款除以放款的比率，計算銀行資金多寡的一個指標)從65％暴升到90％，天天得靠同業拆款當乞丐軋平頭寸。」

「自從併了台北彰化中商銀後，大董好像比較偏那邊，一天到晚職務整併，跟我同期進來的人都從科長降到領組了！」王科長憤憤不平的講。

➡伊豆高原泰迪熊博
物館・靜岡縣

「幸好我們部門靠強老大你這幾年大賺，否則我要去喝西北風了。」

「媽的，王科長這狗腿是不是嗅到那些包銷股票的風聲，開始來拍馬屁了？其實這次該給他一點，以前每次都叫他找人頭，這人倒也任勞任怨，顧人怨風控長每次都逼問他這些人頭的事情，他也挺忠心耿耿的替我與老董頂下來。這次該分他個3、40萬吧，誰叫他女兒還拜我做乾爹。」強老大心想。

手機突然響起，「強董，好久沒來了，我是刺馬的Linda，我今天晚上不想上班，陪我吃飯好嗎？」

「阿不行啦，我晚上要回家啦！」突然想起上個月那個道貌岸然的主管機關科長在那裡喝醉的糗樣，那一頓一共花了公司20萬，不過值得，因為第二天的檢查報告就草草過關。

「Rick，你那5億CB賣掉了沒？賣完了來陽台抽根菸。」

「什麼！完全賣不掉？」

「什麼！客戶資金被贖回！你昨晚不是談好了嗎？」

「幹！」強老大抓起電話：「謝大基金經理人，我是強仔啦，阿那批CB有何問題？什麼！你已經決定向別家證券買了。」

強老大強忍氣憤：「沒關係啦，金融業久久長長，以後還盼你多幫忙。」

「Rick！明天起你調赴基隆分行，那裡缺一個存款櫃檯主管很久了」強老大故意找碴把部門內最資深的部屬給調開了，哈哈，那六百萬又少一個人分了。

所謂交易室的salesdesk，就是銷售交易員小組，一堆salesman坐在一桌，所以在交易室內統稱desk。而sales負責的交易有二種，一種是賣出金控本身推出的金融商品，跟一般俗稱的理專有點像，只是交易室所面對的客戶都是超級大咖，最小一筆deal至少台幣5000萬元；此外，他們也會去做broke仲介交易，如接到某人壽公司委託買進十年期公債20億元，sales就開始打電話找賣家。他們在交易室裡面是屬於非

常忙碌的一群，一忙起來同時三支電話線上交談也不誇張，所以通常一筆CB一天賣不掉是可大可小的事情，強老大的確是借刀殺人。

Rick氣憤的摔下電話跑了出去。強老大又來搞這招，去年那個AO(Account Office，帳戶專員，在外商銀行交易室有這種編制系統，譬如台積電的AO，就是銀行內專門負責有關與台積電往來的大大小小業務的負責人)就是因為去年那筆上櫃包銷案分配不平而被弄走，Rick心想這次不能讓強老大得逞，必須先聲奪人。他突然想到那位董事會第二大派系－佐藤常董，一位野心勃勃想把老董幹掉，取而代之的人。

強老大手機響起，一看來電顯示，立即神情有點慌張的閃進辦公室，並關上大門。

「陳董阿，你好，沒問題，北海球場週六我訂第二組，不會塞車。打完球到附近一家私人招待所吃懷石料理，那裡的nigiri(握壽司)不錯。我還找了一家廣告經紀公司，他們會派幾位公關一起來…。」

電話內的陳董似乎傳來邪惡的笑聲說：

「強副總你真行，但是我們公司的承銷價會不會訂得太低啊？現在股票已經漲到6700點了耶！」

「阿沒辦法啦，那已經快進入送件程序了，股票承銷按法令是有一定的程序耶！」

強老大貪婪但有些許不安的掛上電話，趕緊向老董報告。

「老董與佐藤桑在開會。」秘書Vivian輕聲細語地跟強老大報告，突然Vivian露出令人遐想的撩人姿勢對強老大說：

「強副總，那筆工業電腦承銷的特定人的文件要我幫忙嗎？」

強老大有點開竅的問：「阿你問這幹什麼？有好處一定會分你，中午有沒有空，我知道一個地方絕對讓妳畢生難忘。對了，你那個土豆人力部男友最近如何啊？」

Vivian打蛇隨棍上的回答：「我們都很忙，哪有時間相聚！人力資源部一點油水都沒有，我跟他提了一年去峇里島玩都沒有成，副總

你帶我去玩好不好？」Vivian撒嬌的講著。

「峇里島？不用去那麼遠。」

強老大拿起內線電話：「王科長，麻煩你開公務休旅車載我出去一下。」

十分鐘後，強老大與Vivian坐上休旅車後座，由王科長載往八德路方向。不一會兒，只見強老大示意Vivian與他一起低頭側躺在休旅車後座，王科長將車停入饒河街立體停車塔內，停妥車後，強老大輕聲喚著：

「王科長！二十分鐘後再來取車。」

王科長若無其事地離開停車塔，停車塔閘門立刻關閉，沒多久就因為別台車的進出，開始上上下下的機器運轉製造了交媾的動感，塔內黑鴉鴉一片、伸手不見五指，掩蓋了那股偷情的罪惡感，機器發出的巨大聲響讓Vivian盡情的放開壓抑的嗓子。

王科長站在饒河街旁若有所思的看著手錶，一股冷風吹進了他的外套。

就在這個同時，佐藤咆哮的對老董講：「你這是什麼特定人名單？王大砲就是王科長的表舅，吳阿蓮是你鄉下的表甥，李勝利是強副總妻舅的岳父，還要我再抖出去年那件不能提科技包銷的名單嗎？」老董鐵青的臉擠出長年歷練出來的業務員笑容：「這一切都是誤會，佐藤桑你的資料有誤啦！」

「下禮拜二的董事會我會提出來。」

「這些只是經理部門提出的初步建議，都還可以參酌的嘛！一定是強副總搞砸了，這名單我也還沒過目啊，佐藤桑！」

「反正你看著辦，董事會有些成員已經頗有微詞了！他們對交易室的風險控管很不放心。」佐藤操著不流利的中文陰沉的回覆，「好！好！」老董眼神散出了一絲殺戮的血絲，門外站著Rick露出報復的快感。

下午兩點，交易室又開始忙碌。通常下午時刻的外匯市場是決

戰點，外資的買匯、賣匯以及央行突襲式的干預，都會在這個時候發生，還有整個銀行的資金調撥(各個營業單位或分行會彙整整天台幣與外幣大戶存提的狀況)，銀行若有資金缺口或過多資金也會趁這個時候做些買入CP(商業本票，由票券公司負責發行及買賣)或同業拆借。

強老大帶點滿足與疲憊的心情，開始一如往常的下午盤時間。

「Lisa，今天台股大漲一百點，你那個ADR損失多大？」

「100萬。」Lisa無奈但輕鬆的回答。

「這筆交易可以隱藏多久(在某些專業度極高的交易，可以用一些會計的技巧暫時掩蓋一些帳目)？」

「三天。」

「三天後提頭來見我。」

其實一個大型金控，單筆損失個百來萬是沒什麼大不了，交易員幹久了都染上貨幣中毒(很難解釋，只能意會)。

「Jason，我們股票中最大部位那檔**電子，你尾盤最後五分鐘怎麼不往上做價？」

「現在快要萬點了，再增加部位會有風險！」

「你不是說這是什麼投資大師(台灣股市的大師、老師很多，請別過度聯想)極力推薦的嗎？」

強老大會生氣是因為自己跟單買了1000張，但這個Jason老是一副不看好的樣子，連盤中去撐個盤也意興闌珊。

「幹！不聽話的Jason，等我自己的1000張出掉後再來收拾你。」強老大氣憤的想著。

此時Jason回了一個幸災樂禍的表情給強老大。

「王科長死到哪裡去了？」

「佐藤桑叫他進辦公室。」秘書Vivian嗲聲的回答。強老大心中蔓延出一股莫名的焦慮感，狠狠的抽了一口菸，那根菸吸到底燙到了強老大的手，強老大大喊一聲。今天的時間似乎過得很慢，時鐘顯示下午四點，四點意味著所有金融市場通通收盤，股市、匯市、債市、

收盤後的人生

期貨等等全部告一段落，強老大一如往常的等著各式報表出爐，以結算今天一天的損益。

其實這種工作等於是每天作戰，一個交易員一天交易筆數高達百筆，交易室的head一天要下近千個買賣決策，所以犀利的交易員不會把輸贏看得太重，四點鐘一到，今日盤中的喜怒哀樂全部拋在腦後。這是交易員生活寫實與殘酷的一面，前一分鐘的deal賠掉幾百萬，十分鐘後又很快從別的市場賺回來，不帶感情與情緒，只有數字的跳動人生。其實強老大是個非常smart、sharp的dealer，他能征戰多年且保有交易市場頭號人物的頭銜，確實是有他生存的一套方法，不能因貪婪而完全抹煞他，沒有這樣的個性，根本無法在這市場生存。

電話響起！強老大聽完全身一癱，失望、悔恨、怨懟等心情浮上，強老大從天堂掉進地獄。

晚上九點，初春的寒意在今晚特別凝重，某電視台菜鳥女記者用生疏、但夾雜著興奮的語氣做SNG連線：

↑宇治興聖寺·京都府

「本台記者白帥帥現在站在陽明山的竹子湖現場，爲各位連線報導二十年來首見的三月雪，記者身後是……」，強老大的七歲小女兒在客廳興奮的吵著：「明天我要去看雪。」

她天真的心可不知道他爸爸此刻位於南京東路的辦公室，正人聲鼎沸的充滿著詭譎、緊張與險惡的金融生死角力殺戮，而待宰的羔羊就是她爸爸。

十七樓的大會議室，風控長顧人怨拿著一堆報表，與致命的錄音帶，一項一項的勾稽著。

「2月18－23日五個交易日，強副總的三個人頭戶買進了**電子2000張，接下來的三個交易日中有4000張來歷不明的買盤敲進。」

顧人怨吞了一口口水後繼續說：「再來，因爲大盤的轉弱，強副總爲使自己人頭戶能順利解套，於是用威脅的語氣告訴股票操作的Jason，使用超出副總的權限，逼迫Jason用本行代操的五個大戶資金，買入6000張。」

顧人怨一邊講一邊放錄音帶。

「Jason，有一檔股票**電子不錯，可以替客戶與自營部位買一下。」

「可是那家公司，整個市場都知道是市場派出貨大師與公司派勾結，而且**電子的客戶幾乎被同業給搶走了，他們的技術人員離職一半，全跑到同業的對手公司。」

「聽好，去年的年終獎金很多，這樣吧，我分你200萬。」

「這樣不好吧？」

「否則你一塊錢都沒有！」

「可是……」

「你不是新婚沒多久？我們部門下半年可能要派一位同仁到上海，支援投資銀行業務的開拓，你不想跟你新婚妻子相隔兩地吧？」

「可是強副總，即使這樣會引來投資大師與公司派的倒貨？」

「你不要管那麼多，你分五天在盤中**的價位，*點*分買進200

收盤後的人生

張，……」一連串強老大指示的話語。

　　先解釋一下，小型股股性極冷的股票，有時盤中掛個30－50張，一天都有可能撮合不成功，而且目前股市揭露成交價上下五檔的委託買賣張數，小型股有可能會有空價產生。譬如現在成交20元，理論上會有20.1、20.2、20.3、20.4、20.5的委託賣出，也會有20、19.9、19.8、19.9、19.7等五檔委託賣出，而空價就是譬如委託買進的五檔是20、19.7、19.5、19.4、19.2等，此時19.9、19.8、19.6、19.3等價位就是空價無人委託，剛好可以讓特定有心人在同一個時間如10點28分45秒，同時敲下同價、同數量的委託買進與賣出的單子，因此就可以在很短的時間達到轉帳的目的。

　　當然轉帳交易大多數是合乎道德的，如大股東節稅、引進不想曝光的策略性股東，雖然遊走法律邊緣，但是雙方你情我願，只要沒有損害善意第三者或把這個交易大肆宣揚，其實是還OK的。

　　顧人怨待錄音帶放完後繼續說道：「本公司客戶部位與自營部位一共買進8500張，而其間強副總的幾個人頭戶也只賣掉了1000張，也就是說，被神秘賣盤給通通丟光了。」

　　老董：「神秘賣盤，大家都知道是誰，……」

　　佐藤桑終於開口了：「王科長，去報案吧！」

　　此時王科長突然在眾目睽睽向大家下跪：

　　「這件事若傳出去，對我們金控名譽損害極大，而且強副總過去八年為公司賺進數十億，這件事希望各位董事能私下處理，放強副總一條生路，否則我不會起來。」

　　強老大熱淚盈眶，感動得跟著跪下，終於體會什麼是患難見真情。

　　幾位董事沉默許久，佐藤桑開口了：

　　「強副總，明天12點起離職生效，Jason因是受主管脅迫，不予起

↑宇治興聖寺・京都府

訴，但即日起調離現職。」

　　至於第二案**科技承銷案，老董無奈的說：

　　「由於包銷特定人有牽扯公司多位高層，這責任由強副總全部承擔，這是經理部門的責任，幸好我把這案子壓了幾天，否則差一點又多一件醜聞。」

　　「為了避嫌與時間過於緊迫，剛剛我與陳董通過電話，這個承銷案轉由大力證券主辦。」

　　「一方面感謝大力證券鼎力幫我們調查強前副總的案子，二來為雙方未來合併之路廣結善緣」老董翻臉速度極快，不到十分鐘立即改稱強老大為「前」副總。

　　最後老董假惺惺的講：「為避免公司醜聞外洩，風控部與交易室立即將這兩案相關資料銷毀。」不愧是老練的金融狐狸，一個處理把自己的責任與把柄通通清除。

　　佐藤桑說：「至於新任的交易室主管，我建議由Rick接任，他具備了…」

　　佐藤桑發言到一半，立刻被老董打斷：「Rick資歷太淺了，我決

定指派子公司的張副總，畢竟這是我的權限，散會！」，老董心裡盤算著：「這個張副總既聽話又比強老大好控制，交易室這個大肥肉怎麼可以輕易放掉呢？」

王科長陪著強老大走下地下室停車場，「王科長，你我緣分已盡，對你說感謝的話又太俗氣，總而言之，我強老大一輩子會放在心上。」一陣離愁與交心的道別後，強老大覺得今天回家的路好長。

半個月後，大力證券順利承銷＊＊公司上市案，這個案子頗為成功，剛好抓到股市上漲的時機，＊＊公司順利登上股后寶座，大力證券也因這案子一炮而紅，使得大力證券的市場佔有率竄升至第二名。杯觥交錯、賀聲不斷，大力證券的李董當著大家的面宣布：「這案子能成功，最大的功勞是我們資本市場處新任副總王＊＊，請他為我們舉杯！」

王科長、不！此刻該稱呼他為王副總，他那任勞任怨的身影早就被信心滿滿、神采得意給取代了。

「爸爸，我明天想上陽明山玩雪……。」

岡山後樂園

聚財網叢書

編號	書　　名	作　者	聚財網帳號	定價
A001	八敗人生	吳德洋	鬼股子	380
A002	股市致勝策略	聚財網編	八位版主	280
A003	股市乾坤15戰法	劉建忠	司令操盤手	260
A004	主力控盤手法大曝光	吳德洋	鬼股子	280
A005	期股投機賺錢寶典	肖杰	小期	320
A006	台股多空避險操作聖經	黃博政	黃博政	250
A007	操盤手的指南針	董鍾祥	降魔	270
A008	小錢致富	劉建忠	司令操盤手	350
A009	投資路上酸甜苦辣	聚財網編	八位版主	290
A010	頭部與底部的秘密	邱一平	邱一平	250
A011	指標會說話	王陽生	龜爺	320
A012	窺視證券營業檯	小小掌櫃	小小掌櫃	280
A013	活出股市生命力	賴宣名	羅威	380
A014	股市戰神	劉建忠	司令操盤手	280
A015	股林秘笈線經	董鍾祥	降魔	260
A016	龍騰中國	鬼股子	鬼股子	380
A017	股市贏家策略	聚財網編	七位作家	320
A018	決戰中環	鬼股子	鬼股子	380
A019	楓的股市哲學	謝秀豐	楓	450
A020	期貨操作不靠內線	曾永政	有點笨的阿政	260

聚財網叢書

編號	書　　名	作　者	聚財網帳號	定價
A021	致富懶人包	黃書楷	楚狂人	260
A022	飆股九步	劉建忠	司令操盤手	280
A023	投資唯心論	黃定國	黃定國	260
A024	漲跌停幕後的真相	鬼股子	鬼股子	280
A025	專業操盤人的致富密碼	華仔	華仔	360
A026	小散戶的股市生存之道	吳銘哲	多空無極	300
A027	投資致富50訣	陳嘉進	沉靜	330

名家系列

編號	書　　名	作　者	聚財網帳號	定價
B001	交易員的靈魂	黃國華	黃國華	600
B002	股市易經峰谷循環	黃恆堉 蕭峰谷	峰谷大師	260
B003	獵豹財務長投資魔法書	郭恭克	郭恭克	560

聚財資訊出版　相關資料請至聚財網查詢　http://www.wearn.com/book/

收盤後的人生

作　　　者	黃國華
總　編　輯	莊鳳玉
編　　　輯	林鳳祺・高怡卿・周虹安・林慶文
設　　　計	陳媚鈴
攝　　　影	藍竑為

發　行　人	陳志維
出　版　者	聚財資訊股份有限公司
地　　　址	22046　台北縣板橋市文化路二段327號4樓
電　　　話	(02) 2252-3899
傳　　　真	(02) 2252-5025

ISBN-13	978-986-84128-0-4
版　　　次	2008年2月　初版一刷
定　　　價	550 元

國家圖書館出版品預行編目資料

收盤後的人生 / 黃國華著. --初版. -- 臺北
縣板橋市 : 聚財資訊 , 2008.02
面 ; 公分. --(投資系列 ; I001)

ISBN 978-986-84128-0-4（平裝）

1. 投資 2. 通俗作品

563.5   97000947